SCIENTIA
Février 1902.

PHYS. — MATHÉMATIQUE
n° 17.

THÉORIE DE LA LUNE

PAR

H. ANDOYER

Professeur adjoint à la Faculté des Sciences
de l'Université de Paris.

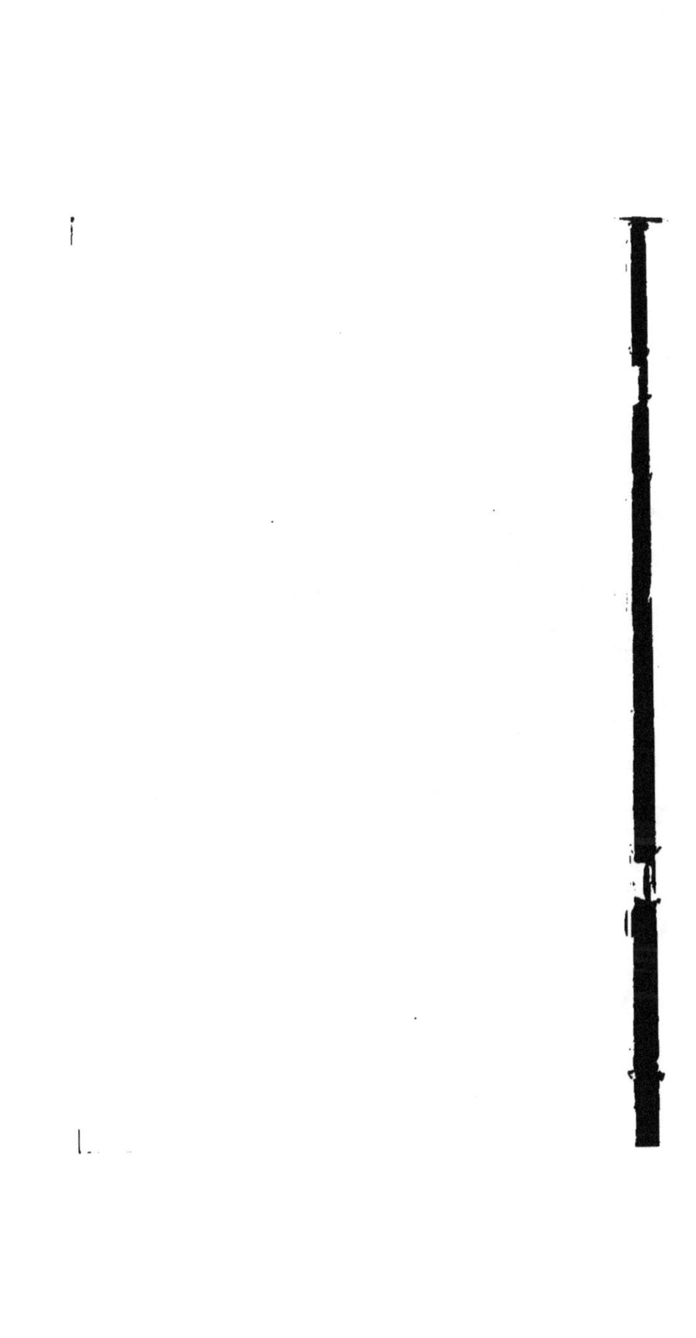

TABLE DES MATIÈRES

THÉORIE DE LA LUNE

CHAPITRE PREMIER

MISE EN ÉQUATIONS ET RÉDUCTION DU PROBLÈME

1. — Nous nous proposons dans cet opuscule de faire comprendre, par les moyens les plus simples, comment on peut construire la *Théorie de la Lune*, c'est-à-dire déterminer analytiquement le mouvement relatif du centre de gravité de la Lune par rapport au centre de gravité de la Terre. Nous nous proposons aussi d'ébaucher la partie principale de cette théorie ; mais nous n'entrerons dans aucun détail sur la construction des *Tables de la Lune* ; en d'autres termes, nous ne nous occuperons pas de la détermination numérique des constantes qui figurent dans la théorie.

Il serait impossible de donner ici une bibliographie, même très restreinte, des travaux publiés sur la théorie de la Lune depuis la découverte du principe de la gravitation universelle. Citons simplement les noms de Newton, Clairaut, d'Alembert, Euler, Laplace, Damoiseau, Plana, Poisson, Lubbock, de Pontécoulant, Hansen, Delaunay, Adams, Puiseux, et dans ces dernières années de MM. G.-W. Hill, E.-W. Brown, Poincaré, Newcomb, Radau, Cowell, Andoyer. Nous aurons d'ailleurs plusieurs fois l'occasion de revenir sur les travaux de ces auteurs et de donner des indications bibliographiques plus précises. Pour plus de détails, on pourra consulter principalement le tome III du *Traité de mécanique céleste* de F. Tisserand et le livre de M. E.-W. Brown, intitulé : *An introductory treatise on the Lunar Theory* (Cambridge, 1896).

2. — Pour déterminer le mouvement de la Lune en partant de la loi de la gravitation universelle, nous regarderons l'univers comme formé par la Lune, la Terre et le Soleil, considérés comme des corps solides, et par d'autres corps de même nature en nombre quelconque, que nous appellerons les corps

secondaires : ce seront les planètes autres que la Terre et leurs satellites.

Les axes de coordonnées rectangulaires dont nous nous servirons auront des directions fixes, mais l'origine sera variable et indiquée dans chaque cas particulier.

Soient :

t le temps compté à partir d'une origine, ou *époque*, arbitraire ;

f le coefficient d'attraction ;

μ_0 la masse de la Terre, T son centre de gravité ;

μ la masse de la Lune ; x, y, z les coordonnées de son centre de gravité, L, par rapport au point T ; r la distance TL ;

μ' la masse du Soleil ; x', y', z' les coordonnées de son centre de gravité, S, par rapport au point G, centre de gravité du système formé par la Terre et la Lune ; r' la distance GS ;

μ_i la masse d'un corps secondaire ; x_i, y_i, z_i les coordonnées de son centre de gravité, P$_i$, par rapport à S ;

X, Y, Z les coordonnées de S par rapport à des axes fixes.

Les coordonnées de T et L par rapport aux mêmes axes sont par suite, d'après les propriétés du centre de gravité,

$$X - x' - \frac{\mu r}{\mu_0 + \mu}, \dots$$

$$X - x' + \frac{\mu_0 r}{\mu_0 + \mu}, \dots$$

La demi-force vive du système formé par les corps en présence se calcule facilement ; elle contiendra les coordonnées X, Y, Z, x, y, z, x', y', z', x_i, y_i, z_i..., et les paramètres dont dépend le mouvement des corps envisagés autour de leurs centres de gravité ; les seuls termes dépendant de x, y, z, qui y figurent seront :

$$\frac{1}{2} \frac{\mu_0 \mu}{\mu_0 + \mu} \left[\frac{d.r^2}{dt^2} + \frac{dy^2}{dt^2} + \frac{dz^2}{dt^2} \right].$$

La fonction de forces déterminée par l'attraction mutuelle des corps en présence peut s'écrire :

$$\frac{f \mu_0 \mu}{r} + \frac{f \mu' \mu_0}{TS} + \frac{f \mu' \mu}{LS} + V,$$

V dépendant seulement de la forme de la Lune, de la Terre et du Soleil, ainsi que de l'action des corps secondaires.

Si l'on négligeait l'action des corps secondaires, et si en outre on réduisait le Soleil d'une part, et le système formé par la Terre et la Lune d'autre part, à leurs centres de gravité, l'orbite du Soleil autour du point G serait une ellipse, parcourue suivant la loi bien connue de Képler ; nous réserverons dorénavant les lettres x', y', z', r' à ce mouvement, et les coordonnées véritables de S par rapport à G seront désignées par $x' + \delta x'$, $y' + \delta y'$, $z' + \delta z'$, $r' + \delta r'$; de même TS et LS désigneront les distances de T et L à la position de S qui correspond à x', y'..., tandis que les véritables distances TS et LS seront désignées par $TS + \delta \overline{TS}$, $LS + \delta \overline{LS}$.

Ceci posé, faisons

$$U = f(\mu_0 + \mu)\left[\frac{1}{r} + \frac{\mu + \mu_0 + \mu}{\mu}\,\frac{1}{TS} + \frac{\mu' + \mu_0 + \mu}{\mu_0}\,\frac{1}{LS} \right].$$

$$R = f(\mu_0 + \mu)\left[-\frac{\mu'}{\mu}\,\frac{1}{TS + \delta\overline{TS}} - \frac{\mu' + \mu_0 + \mu}{\mu}\,\frac{1}{TS} \right.$$
$$\left. + \frac{\mu'}{\mu_0}\,\frac{1}{LS + \delta\overline{LS}} - \frac{\mu' + \mu_0 + \mu}{\mu_0}\,\frac{1}{LS} + \frac{V}{f\mu_0\mu} \right].$$

de sorte que la fonction de forces considérée plus haut soit $U + R$, au facteur $\dfrac{\mu_0 + \mu}{\mu_0\mu}$ près.

Les équations qui définissent en particulier le mouvement du centre de gravité de la Lune par rapport à celui de la Terre s'écrivent immédiatement sous la forme

$$(1) \qquad \frac{d^2 x}{dt^2} = \frac{\partial (U + R)}{\partial x}, \ldots$$

c'est-à-dire que le mouvement considéré est celui d'un point matériel de masse égale à l'unité sous l'action d'une fonction de forces égale à $U + R$.

3. — Pour intégrer les équations (1), on fait d'abord abstraction de la fonction R : en effet, d'après ce que l'on sait sur les dimensions des corps célestes, leurs distances mutuelles et leurs masses, on voit tout de suite que l'influence de la fonction U sera de beaucoup prépondérante.

On obtient ainsi la partie principale de la théorie du mouvement de la Lune, ce qu'on appelle la théorie *solaire* de ce mouvement : nous la traiterons avec détails.

On tient compte ensuite de la fonction R, considérée comme fonction *perturbatrice*, en appliquant par exemple la méthode de la variation des constantes arbitraires.

La fonction R dépend directement et indirectement des coordonnées de la Lune, car le mouvement des autres astres dépend de celui de la Lune. Mais : 1° la théorie solaire du mouvement de la Lune fournit des expressions très approchées de ses coordonnées ; 2° les mouvements de la Terre et de la Lune sur elles-mêmes sont déterminés avec une très grande approximation dès qu'on est en possession de la théorie solaire de la Lune ; 3° les mouvements de translation du Soleil et des planètes sont fort peu affectés par l'influence de la Lune, dont la masse est très petite. Concluons donc qu'on pourra regarder la fonction R comme complétement connue, dès qu'on aura résolu les problèmes nécessaires que nous venons d'indiquer : et par suite, on pourra achever la détermination complète du mouvement de la Lune par de simples quadratures. On obtiendra ainsi les inégalités *secondaires* du mouvement de la Lune ; ces inégalités peuvent être d'ailleurs partagées en deux classes : les unes, dites inégalités *planétaires*, proviennent de l'influence des masses planétaires ; les autres, dites inégalités de *non-sphéricité*, dépendent de la constitution de la Terre et de la Lune.

Nous établirons sous forme explicite les équations qui permettent de calculer par simples quadratures les inégalités secondaires, quand on connaît la fonction R ; mais nous ne développerons pas méthodiquement cette fonction, et nous nous contenterons d'examiner quelques inégalités particulières, les plus importantes ; nous examinerons aussi complétement la question des accélérations séculaires.

Le problème de la détermination complète du mouvement de la Lune est ainsi réduit à une succession de problèmes plus simples, et le but que nous poursuivons ici est nettement précisé.

CHAPITRE II

ÉTUDE DES ÉQUATIONS DE LA THÉORIE SOLAIRE DU MOUVE-
MENT DE LA LUNE. FORME DE LA SOLUTION

1. — La théorie solaire du mouvement de la Lune dépend
des équations

$$(2) \qquad \frac{d^2 x}{dt^2} = \frac{\partial U}{\partial x} \dots$$

où

$$U = f \mu_0 + \mu \; \frac{1}{r} + f(\mu' + \mu_0 + \mu)\left[\frac{\mu_0 + \mu}{\mu} \; \frac{1}{TS} + \frac{\mu_0 + \mu}{\mu_0} \; \frac{1}{LS} \right].$$

Cherchons tout d'abord un développement convenable pour
la fonction U.

En faisant

$$\nu = \frac{\mu}{\mu_0 + \mu},$$

et appelant F l'angle LGS, de sorte que

$$xx' + yy' + zz' = rr' \cos F.$$

on a, d'après les propriétés du centre de gravité,

$$\frac{1}{TS} = \left[(x' + \nu x)^2 + \dots \right]^{-\frac{1}{2}}$$

$$= \frac{1}{r'}\left[1 + 2\nu \frac{r}{r'} \cos F + \nu^2 \frac{r^2}{r'^2} \right]^{-\frac{1}{2}};$$

$$\frac{1}{LS} = \left[[x' - (1 - \nu) x]^2 + \dots \right]^{-\frac{1}{2}}$$

$$= \frac{1}{r'}\left[1 - 2 (1 - \nu) \frac{r}{r'} \cos F + (1 - \nu)^2 \frac{r^2}{r'^2} \right]^{-\frac{1}{2}}$$

Les observations montrent que le rapport $\frac{r}{r'}$ reste toujours très petit, sa valeur étant $\frac{1}{400}$, en chiffres ronds ; par suite, les seconds membres des égalités précédentes peuvent se développer en séries rapidement convergentes, ordonnées suivant les puissances croissantes de $\frac{r}{r'}$; on a :

$$\frac{1}{TS} = \frac{1}{r'} - \gamma \, \frac{r}{r'^2} \cos F + \gamma^2 \, \frac{r^2}{r'^3} \left(- \frac{1}{2} + \frac{3}{2} \cos^2 F \right)$$

$$- \gamma^3 \, \frac{r^3}{r'^4} \left(- \frac{3}{2} \cos F + \frac{5}{2} \cos^3 F \right)$$

$$+ \gamma^4 \, \frac{r^4}{r'^5} \left(\frac{3}{8} - \frac{15}{4} \cos^2 F + \frac{35}{8} \cos^4 F \right) + \ldots,$$

et $\frac{1}{LS}$ a le même développement, où γ est remplacé par $-(1-\gamma)$.

Il vient par suite, en supprimant dans U les termes qui ne contiennent pas les coordonnées de la Lune :

$$U = f(\mu_0 + \mu) \frac{1}{r} + f(\mu' + \mu_0 + \mu) \left[\frac{r^2}{r'^3} \left(- \frac{1}{2} + \frac{3}{2} \cos^2 F \right) \right.$$

$$+ (1 - 2\gamma) \frac{r^3}{r'^4} \left(- \frac{3}{2} \cos F + \frac{5}{2} \cos^3 F \right)$$

$$\left. + (1 - 3\gamma + 3\gamma^2) \frac{r^4}{r'^5} \left(\frac{3}{8} - \frac{15}{4} \cos^2 F + \frac{35}{8} \cos^4 F \right) + \ldots \right].$$

Soit a' le demi-grand axe de l'ellipse décrite par le Soleil autour du point G, et n' le moyen mouvement du Soleil, de sorte que, d'après les hypothèses faites, on a la relation connue

$$f(\mu' + \mu_0 + \mu) = n'^2 a'^3.$$

Soit de plus a une valeur moyenne, parfaitement précisée plus loin, du rayon vecteur r, que les observations montrent comme sensiblement constant ; et appelons n une vitesse angulaire constante liée à a par la relation

$$f (\mu_0 + \mu) = n^2 a^3.$$

Posons

$$\frac{a}{a'} = \alpha, \quad \frac{n'}{n} = m ;$$

on pourra écrire

$$U = n^2 a^2 \left(\frac{a}{r} + m^2\, \Omega \right),$$

en faisant

$$\Omega = \left(\frac{r}{a} \right)^2 \left(\frac{a'}{r'} \right)^3 \left(-\frac{1}{2} + \frac{3}{2} \cos^2 F \right)$$

$$+ (1 - 2\nu)\, \alpha \left(\frac{r}{a} \right)^3 \left(\frac{a'}{r'} \right)^4 \left(-\frac{3}{2} \cos F + \frac{5}{2} \cos^3 F \right)$$

$$+ (1 - 3\nu + 3\nu^2)\, \alpha^2 \left(\frac{r}{a} \right)^4 \left(\frac{a'}{r'} \right)^5 \left(\frac{3}{8} - \frac{15}{4} \cos^2 F \right.$$

$$\left. + \frac{35}{8} \cos^4 F \right) + \ldots$$

Ajoutons qu'on a en chiffres ronds

$$\nu = \frac{1}{80}, \quad \alpha = \frac{1}{390}, \quad m = \frac{1}{13}.$$

5. — Pour avoir des résultats aussi simples que possible, nous choisirons comme plan des xy le plan de l'orbite du Soleil autour du point G, ou plus exactement de l'orbite elliptique osculatrice à la trajectoire véritable du Soleil à l'époque donnée pour origine du temps.

Si v' est la longitude du Soleil, on aura ainsi :

$$x' = r' \cos v', \quad y' = r' \sin v', \quad z' = 0 ;$$

si de plus e' désigne l'excentricité de l'orbite solaire, ι' la longitude moyenne de l'époque, ϖ' la longitude du périgée, on a les formules connues où N' désigne l'argument $n't + t'$:

$$(3) \begin{cases} \dfrac{a'}{r'} = 1 + \left(e' - \dfrac{e'^3}{8}\ldots\right) \cos(N' - \varpi') \\[2mm] \qquad + \left(e'^2 - \dfrac{1}{3} e'^3 \ldots\right) \cos 2(N' - \varpi') \\[2mm] + \left(\dfrac{9}{8} e'^3 \ldots\right) \cos 3(N' - \varpi') + \left(\dfrac{4}{3} e'^4 \ldots\right) \cos 4(N' - \varpi'\ldots \\[2mm] v' = N' + \left(2e' - \dfrac{1}{4} e'^3 \ldots\right) \sin(N' - \varpi') \\[2mm] \qquad + \left(\dfrac{5}{4} e'^2 - \dfrac{11}{24} e'^4 \ldots\right) \sin 2(N' - \varpi') \\[2mm] + \left(\dfrac{13}{12} e'^3 \ldots\right) \sin 3(N' - \varpi') + \left(\dfrac{103}{96} e'^4 \ldots\right) \sin 4(N' - \varpi')\ldots \end{cases}$$

D'ailleurs la valeur de e' est environ $\dfrac{1}{60}$.

6. — Appelons encore v et s la longitude et la latitude de la Lune, de sorte que

$$\begin{aligned} x &= r \cos v \cos s, \\ y &= r \sin v \cos s, \\ z &= r \sin s\,; \end{aligned}$$

on a simplement

$$\cos F = \cos s \cos(v - v').$$

et la fonction Ω devient en introduisant les multiples de $v - v'$ et négligeant les termes en z^2 :

$$(4) \begin{aligned} \Omega &= \left(\frac{r}{a}\right)^2 \left(\frac{a'}{r'}\right)^3 \left[\frac{1}{4} - \frac{3}{4} \sin^2 s + \frac{3}{4} \cos^2 s \cos 2(v - v')\right] \\[2mm] &+ (1 - 2v) z \left(\frac{r}{a}\right)^3 \left(\frac{a'}{r'}\right)^4 \left[\left(\frac{3}{8} - \frac{15}{8} \sin^2 s\right) \cos s \cos(v - v') \right. \\[2mm] &\qquad\qquad \left. + \frac{5}{8} \cos^3 s \, \cos 3(v - v')\right] + \ldots \end{aligned}$$

7. — Nous pouvons maintenant aborder véritablement le problème de la théorie solaire du mouvement de la Lune, c'est-à-dire l'intégration des équations

$$(5) \qquad \frac{d^2 x}{dt^2} = n^2 a^2 \frac{\partial}{\partial x}\left(\frac{a}{r} + m^2 \Omega\right)\ldots$$

Notre but sera de déterminer directement les coordonnées polaires de la Lune, savoir son rayon vecteur r, sa longitude v, et sa latitude s ; toutefois au rayon vecteur, nous substituerons son inverse, appelé communément *parallaxe* de la Lune, et, en même temps que la latitude, nous calculerons la coordonnée z, liée à la parallaxe et à la latitude par la relation

$$z = r \sin s.$$

Avant d'entreprendre le calcul des inconnues que nous venons de spécifier, il est nécessaire de se rendre compte de la forme de la solution. A cet effet, imaginons que l'on intègre d'abord les équations (5) en faisant abstraction de la fonction Ω. Nous obtiendrons un mouvement képlérien, et les constantes de ce mouvement seront :

n_i, moyen mouvement ;

a_i, demi-grand axe de l'orbite, lié à n_i par la relation $n_i^2 a_i^3 = f(\mu_0 + \mu) = n^2 a^3$;

e_i, excentricité ;

γ_i, sinus de la demi-inclinaison ;

ι_i, longitude moyenne de l'époque ;

ϖ_i, longitude du périgée ;

θ_i, longitude du nœud ascendant.

Par suite, on aura en faisant $N_i = n_i t + \iota_i$, des formules telles que les suivantes, dont nous n'écrivons que les premiers termes :

$$\frac{1}{r} = \frac{1}{a_i} \left[1 + e_i \cos (N_i - \varpi_i) + e_i^2 \cos 2 (N_i - \varpi_i) + \ldots \right],$$

$$v = N_i + 2e_i \sin (N_i - \varpi_i) + \frac{5}{4} e_i^2 \sin 2(N_i - \varpi_i)$$
$$- \gamma_i^2 \sin 2(N_i - \theta_i) + \ldots,$$

$$z = 2\gamma_i \sin (N_i - \theta_i) + 2e_i \gamma_i \sin (2N_i - \varpi_i - \theta_i)$$
$$- 2e_i \gamma_i \sin (\varpi_i - \theta_i) + \ldots$$

Supposons maintenant, conformément au principe de la méthode de la variation des constantes arbitraires, que les valeurs de $\frac{1}{r}$, v et z qui satisfont aux équations (5) complètes, aient la même forme que les précédentes, et que leurs dérivées premières par rapport au temps aient aussi la même forme que celles des expressions précédentes ; les constantes n_i, a_i, e_i,... deviennent alors des fonctions du temps déterminées par des

équations bien connues que nous allons écrire. Nous exprime-
rons préalablement la fonction Ω à l'aide de a_1, N_1, e_1, ϖ_1
γ_1, θ_1 : d'autre part, nous ferons

$$h_1 = e_1 \sin \varpi_1, \qquad p_1 = \gamma_1 \sin \theta_1,$$
$$l_1 = e_1 \cos \varpi_1, \qquad q_1 = \gamma_1 \cos \theta_1,$$

et quand nous écrirons une dérivée partielle telle que
$\dfrac{\partial \Omega}{\partial h_1}$, par exemple, nous supposerons que, dans l'expression
primitive de Ω, on a remplacé les variables e_1 et ϖ_1 par h_1 et l_1.
Ceci posé, on aura :

$$(6)\ \begin{cases}
\dfrac{d\,\frac{a_1}{a}}{n\,dt} = 2\,\dfrac{na}{n_1 a_1}\,m^2\,\dfrac{\partial \Omega}{\partial N_1}\,, \qquad
\dfrac{d\,\frac{n_1}{n}}{n\,dt} = -3\,\dfrac{a^2}{a_1^2}\,m^2\,\dfrac{\partial \Omega}{\partial N_1}\,. \\[3ex]
\dfrac{dN_1}{n\,dt} = \dfrac{n_1}{n} - 2\,\dfrac{na}{n_1 a_1}\,m^2\,\dfrac{\partial \Omega}{\partial \left(\frac{a_1}{a}\right)} \\[3ex]
\qquad\qquad + \dfrac{na^2}{n_1 a_1^2}\,m^2\left[\dfrac{e_1\sqrt{1-e_1^2}}{1+\sqrt{1-e_1^2}}\,\dfrac{\partial \Omega}{\partial e_1} + \dfrac{\gamma_1}{2\sqrt{1-e_1^2}}\,\dfrac{\partial \Omega}{\partial \gamma_1}\right]. \\[3ex]
\dfrac{dh_1}{n\,dt} = \dfrac{na^2}{n_1 a_1^2}\,m^2\left[\sqrt{1-e_1^2}\,\dfrac{\partial \Omega}{\partial l_1} - \dfrac{h_1\sqrt{1-e_1^2}}{1+\sqrt{1-e_1^2}}\,\dfrac{\partial \Omega}{\partial N_1}\right. \\[3ex]
\qquad\qquad\qquad\qquad\left. + \dfrac{l_1\gamma_1}{2\sqrt{1-e_1^2}}\,\dfrac{\partial \Omega}{\partial \gamma_1}\right], \\[3ex]
\dfrac{dl_1}{n\,dt} = \dfrac{na^2}{n_1 a_1^2}\,m^2\left[-\sqrt{1-e_1^2}\,\dfrac{\partial \Omega}{\partial h_1} - \dfrac{l_1\sqrt{1-e_1^2}}{1+\sqrt{1-e_1^2}}\,\dfrac{\partial \Omega}{\partial N_1}\right. \\[3ex]
\qquad\qquad\qquad\qquad\left. - \dfrac{h_1\gamma_1}{2\sqrt{1-e_1^2}}\,\dfrac{\partial \Omega}{\partial \gamma_1}\right]. \\[3ex]
\dfrac{dp_1}{n\,dt} = \dfrac{na^2}{n_1 a_1^2}\,m^2\left[\dfrac{1}{4\sqrt{1-e_1^2}}\,\dfrac{\partial \Omega}{\partial q_1}\right. \\[3ex]
\qquad\qquad\qquad\qquad\left. - \dfrac{p_1}{2\sqrt{1-e_1^2}}\left(\dfrac{\partial \Omega}{\partial N_1} + \dfrac{\partial \Omega}{\partial \varpi_1}\right)\right], \\[3ex]
\dfrac{dq_1}{n\,dt} = \dfrac{na^2}{n_1 a_1^2}\,m^2\left[-\dfrac{1}{4\sqrt{1-e_1^2}}\,\dfrac{\partial \Omega}{\partial p_1}\right. \\[3ex]
\qquad\qquad\qquad\qquad\left. - \dfrac{q_1}{2\sqrt{1-e_1^2}}\left(\dfrac{\partial \Omega}{\partial N_1} + \dfrac{\partial \Omega}{\partial \varpi_1}\right)\right].
\end{cases}$$

D'ailleurs le développement de la fonction Ω est purement trigonométrique et de la forme :

$$\Omega = \sum A_p \cos (iN_1 + jm_1 + k\theta_1 + i'N' + j'm'),$$

les multiplicateurs i, j,... étant des entiers positifs, négatifs ou nuls, dont la somme est nulle, et k étant pair. Le coefficient A_p est lui-même une série ordonnée suivant les puissances entières et positives des quantités c_1, γ_1, c', $\varkappa$, ces puissances étant de même parité respectivement que j, k, j', $i'-j'$; de plus A_p contient en facteur le produit $e_1^{|j|} \gamma_1^{|k|} e'^{|j'|}$, où $|j|$, par exemple, désigne comme d'habitude la valeur absolue de j ; A_p contient encore en facteur $\varkappa$, quand $i'-j'$ est impair, d'après ce qui précède. Tout ceci est bien connu, et résulte d'ailleurs immédiatement de la considération de la fonction Ω, et des valeurs de r, v, s, r', v', que l'on y substitue. On peut ajouter que les coefficients A_p dépendent encore de ν et $\frac{a_1}{a}$ d'une façon évidente, et l'on pourrait remarquer à leur sujet quelques autres particularités qui ne nous seront pas absolument utiles.

8. — Intégrons actuellement les équations (6) par approximations successives ordonnées par rapport à la petite quantité m. A cet effet, nous donnerons d'abord aux inconnues des valeurs constantes a_0, n_0, ι_0, c_0, ..., puisque cette hypothèse convient au mouvement elliptique, et nous ferons de même $N_0 = n_0 t + \iota_0$.

Nous désignerons par U_p un argument de la forme

$$iN_0 + jm_0 + k\theta_0 + i'N' + j'm'$$

dans lequel la somme $i+j+k+i'+j'$ est nulle, le multiplicateur i étant différent de zéro, et k étant pair ; V_p sera un argument satisfaisant aux mêmes conditions, sauf que i sera nul et que i' ne le sera pas ; W_p sera un argument de même nature encore, sauf que i et i' seront tous deux nuls.

Des arguments répondant aux mêmes conditions que U_p, V_p, W_p, sauf que k est impair, seront désignés par U'_p, V'_p, W'_p. Enfin des arguments répondant aux mêmes conditions que les précédents U_p,...., U'_p,.... mais dans lesquels la somme $i+j+k+i'+j'$ sera égale à l'unité au lieu d'être nulle, seront représentés par U''_p,...., U'''_p,....

Les arguments U_p, U'_p, U''_p, U'''_p, sont dits, pour une raison évidente, à *courte période* ; le coefficient de nt dans U_p, par exemple, est $i\dfrac{n_0}{n} + i'm$; m étant petit, nous considérerons les inverses de ces diviseurs comme développables en séries entières ordonnées suivant les puissances de m.

Les arguments V_μ, V'_μ.... sont à *longue période* ; le coefficient de nt y est $i'm$.

Les arguments W_μ, W'_μ.... sont *séculaires*.

Nous désignerons encore par les grandes lettres B_μ, C_μ,... des coefficients relatifs aux arguments U_μ, V_μ,...., et jouissant des propriétés suivantes : ce sont des fonctions de c_0, γ_0 e', z, γ, $\dfrac{a_0}{a}$ ou $\dfrac{n_0}{n}$, m ; on peut les regarder comme des séries entières par rapport à c_0, γ_0, e', z, m ; les puissances de c_0, γ_0, e', z qui y figurent sont respectivement de même parité que j, k, j', $i'-j'$; enfin le produit $c_0^{|j|}\,\gamma_0^{|k|}\,e'^{|j'|}$ y entre en facteur.

En tenant compte du théorème de Poisson, relatif à l'invariabilité des grands axes, et étendant ce théorème aux puissances supérieures de la force perturbatrice, [1] puis à la considération non seulement des termes séculaires, mais aussi des termes à longue période, ce qui se fait sans difficulté, on verra sans peine que les équations (6) intégrées par approximations successives, conduisent à des résultats de la forme :

$$\frac{a_1}{a} = \frac{a_0}{a} + m^2\,\Sigma B_\mu \cos U_\mu + m^4\Sigma C_\mu \cos V_\mu$$
$$+ nt\left[m^4\Sigma B'_\mu \sin U_\mu + m^6\Sigma C'_\mu \sin V_\mu + m^6\Sigma D'_\mu \sin W_\mu \right]$$
$$+ n^2t^2\left[m^6\Sigma B''_\mu \cos U_\mu + m^8\Sigma C''_\mu \cos V_\mu + m^8\Sigma D''_\mu \cos W_\mu \right] + ...,$$
$$N_1 = N_0 + m^2\Sigma E_\mu \sin U_\mu + m\Sigma F_\mu \sin V_\mu$$
$$+ nt\left[m^4\Sigma E'_\mu \cos U_\mu + m^3\Sigma F'_\mu \cos V_\mu + m^2\Sigma G'_\mu \cos W_\mu \right]$$
$$+ n^2t^2\left[m^6\Sigma E''_\mu \sin U_\mu + m^4\Sigma F''_\mu \sin V_\mu + m^4\Sigma G''_\mu \sin W_\mu \right] + ...,$$
$$(7) \qquad h_1 = e_0 \sin \varpi_0 + m^2\Sigma H_\mu \sin U''_\mu + m\Sigma K_\mu \sin V''_\mu$$
$$+ nt\left[m^4\Sigma H'_\mu \cos U''_\mu + m^3\Sigma K'_\mu \cos V''_\mu + m^2\Sigma L'_\mu \cos W''_\mu \right]$$
$$+ n^2t^2\left[m^6\Sigma H''_\mu \sin U''_\mu + m^4\Sigma K''_\mu \sin V''_\mu + m^4\Sigma L''_\mu \sin W''_\mu \right] + ..,$$
$$l_1 = e_0 \cos \varpi_0 + ...,$$
$$p_1 = \gamma_0 \sin \theta_0 + m^2\Sigma M_\mu \sin U'''_\mu + m\Sigma N_\mu \sin V'''_\mu$$
$$+ nt\left[m^4\Sigma M'_\mu \cos U'''_\mu + m^3\Sigma N'_\mu \cos V'''_\mu + m^2\Sigma P'_\mu \cos W'''_\mu \right]$$
$$+ n^2t^2\left[m^6\Sigma M''_\mu \sin U'''_\mu + m^3\Sigma N''_\mu \sin V'''_\mu + m^4\Sigma P''_\mu \sin W'''_\mu \right] + ...$$
$$q_1 = \gamma_0 \cos \theta_0 + ...$$

[1] ANDOYER. *Sur l'extension que l'on peut donner au théorème de Pois.*

Comme les intégrations successives sont faites sans addition de constantes arbitraires inutiles, les quantités a_0, n_0, c_0,... sont parfaitement déterminées.

Les développements de i_1 et q_1 se déduisent de ceux de h_1 et p_1 en remarquant que si l'on fait tourner l'axe des x de façon à l'amener sur le prolongement de l'axe des y, toutes les longitudes augmentent de $\frac{\pi}{2}$, et que h_1, l_1, p_1, q_1 se changent respectivement en l_1, $-h_1$, q_1, $-p_1$.

Le théorème de Poisson explique pourquoi le développement de $\frac{a_1}{a}$ se distingue de celui des autres inconnues ; les mêmes propriétés appartiennent à toute fonction de a_1, par exemple à $\frac{n_1}{n}$.

Nous calculerons les parties principales de deux des termes des développements précédents, qui nous seront utiles un peu plus loin. Si l'on fait $W''_\mu = \varpi_0$, on trouve facilement que la partie principale du coefficient L'_μ correspondant est

$$\frac{3}{4}\frac{n}{n_0} c_0 \cos \varpi_0 ;$$

de même, si l'on fait $W'''_\mu = \theta_0$, la partie principale du coefficient P'_μ correspondant est

$$-\frac{3}{4}\frac{n}{n_0} \gamma_0 \cos \theta_0.$$

9. — On peut intégrer les équations (6) autrement ; soient ι, ϖ, θ, trois angles jouant le rôle de constantes arbitraires ; g et h deux vitesses angulaires à déterminer, c et γ deux constantes arbitraires numériques ; N, G, H, les trois arguments $nt + \iota$, $gt + \varpi$, $ht + \theta$. Désignons par u_μ, v_μ, ..., w'''_μ les arguments $iN + jG + kH + i'N' + j'\varpi'$, les multiplicateurs ayant les mêmes valeurs que dans les arguments appelés plus haut U_μ, V,... W'''_μ. Enfin soient b_μ, c_μ,.... des fonctions des quantités c, γ, e', z, v, m, correspondant aux arguments u_μ, v_μ, w_μ...., ordonnées par rapport aux puissances entières et positives de c, γ, e', z, (ces puissances étant de même parité res-

<hr>

son relatif à l'invariabilité des grands axes. (Annales de l'Observatoire de Paris, XXIII).

ANDOYER. Théorie de la Lune.

pectivement que $j, k, j', i'—j'$), et contenant en facteur $e^{(jg+kh)t} e^{ij't}$.

Il est facile alors de voir que les équations (6) peuvent être intégrées formellement par des expressions purement trigonométriques telles que les suivantes :

$$(8) \quad \begin{cases} \dfrac{a_1}{a} = b_0 + \Sigma b_p \cos u_p + \Sigma c_p \cos v_p + \Sigma d_p \cos w_p, \\[1ex] N_1 = N + \Sigma e_p \sin u_p + \Sigma f_p \sin v_p + \Sigma g_p \sin w_p, \\[1ex] h_1 = e \sin G + \Sigma h_p \sin u''_p + \Sigma k_p \sin v''_p + \Sigma l_p \sin w''_p, \\[1ex] l_1 = e \cos G + \Sigma h_p \cos u''_p + \Sigma k_p \cos v''_p + \Sigma l_p \cos w''_p, \\[1ex] p_1 = \gamma \sin H + \Sigma m_p \sin u'''_p + \Sigma n_p \sin v'''_p + \Sigma p_p \sin w'''_p, \\[1ex] q_1 = \gamma \cos H + \Sigma m_p \cos u'''_p + \Sigma n_p \cos v'''_p + \Sigma p_p \cos w'''_p. \end{cases}$$

Dans $\dfrac{a_1}{a}$, h_1, l_1, p_1, q_1, nous avons mis en évidence les termes qui correspondent aux arguments o, G, H.

Les coefficients $\dfrac{g}{n}$ et $\dfrac{h}{n}$ sont déterminés eux-mêmes par l'intégration : ce sont des fonctions de e, γ, e', α, m ordonnées par rapport aux puissances paires entières et positives de e, γ, e', α.

Remarquons d'ailleurs que la signification des constantes a, n, e, γ, ι, ϖ, θ, est parfaitement précisée par la forme des intégrales (8) : et les observations montrent que l'on a en chiffres ronds :

$$e = \frac{1}{20}, \quad \gamma = \frac{1}{20}.$$

10. — Appelons α_p, ϱ_p, γ_p, α'_p..... les arguments u_p, v_p, w_p, u'_p,...., dans lesquels on a remplacé G et H par ϖ et θ : on a donc, par exemple,

$$u_p = \alpha_p + (jg + kh)\, t,$$

et l'on peut écrire, en développant en série :

$$\cos u_p = \cos \alpha_p - (jg + kh)\, t \sin \alpha_p + \ldots,$$
$$\sin u_p = \sin \alpha_p + (jg + kh)\, t \cos \alpha_p + \ldots;$$

nous imaginerons que les formules (8) sont ainsi développées en séries procédant suivant les puissances du temps. et les cosinus et sinus des arguments α_p,....

Ces développements ne doivent pas différer des formules (7), une fois qu'on a fait le passage des constantes a, n, e,... aux constantes a_0, n_0, e_0,....

En comparant les termes constants, on a d'abord

$$\frac{a_0}{a} = b_0 + \Sigma d_p \cos \gamma_p, \quad z_0 = z + \Sigma g_p \sin \gamma_p,$$

$$e_0 \sin \varpi_0 = e \sin \varpi + \Sigma l_p \sin \gamma''_p, \quad e_0 \cos \varpi_0 = e \cos \varpi + \Sigma l_p \cos \gamma''_p,$$

$$\gamma_0 \sin \theta_0 = \gamma \sin \theta + \Sigma p_p \sin \gamma'''_p, \quad \gamma_0 \cos \theta_0 = \gamma \cos \theta + \Sigma p_p \cos \gamma'''_p ;$$

d'ailleurs γ_p, γ''_p, γ'''_p ne peuvent pas prendre les valeurs 0, ϖ, θ, d'après ce qui a été dit plus haut, et il en sera de même dans ce qui suit.

Comparons maintenant les termes en t seul dans les formules (7) et (8), et mettons en évidence les coefficients G_0', $L'_1 = e_0 \Lambda'_1$, $P'_1 = \gamma_0 \Pi'_1$, qui dans les formules (7) correspondent aux arguments 0, ϖ, θ_0. Nous aurons, en profitant de ce qui précède

$$m^6 \sum D'_p \sin W_p = - \sum \frac{jg + kh}{n} d_p \sin \gamma_p,$$

$$n_0 + m^2 G'_0 + m^3 \sum G'_p \cos W_p = n + \sum \frac{jg + kh}{n} g_p \cos \gamma_p,$$

$$m^2 \Lambda'_1 \left(e \cos \varpi + \sum l_p \cos \gamma''_p \right) + m^2 \sum L'_p \cos W''_p$$

$$= \frac{g}{n} e \cos \varpi + \sum \frac{jg + kh}{n} l_p \cos \gamma''_p,$$

$$m^2 \Pi'_1 \left(\gamma \cos \theta + \sum p_p \cos \gamma'''_p \right) + m^2 \sum P'_p \cos W'''$$

$$= \frac{h}{n} \gamma \cos \theta + \sum \frac{jg + kh}{n} p_p \cos \gamma'''_p,$$

et deux autres relations, déduites des deux dernières écrites, en changeant cos en sin.

Pour pouvoir faire utilement la comparaison, il faut supposer que les premiers membres de ces équations sont développés suivant les cosinus ou sinus des arguments γ_p, γ''_p, γ'''_p, et que $\frac{a_0}{a}$, $e_0 \sin \varpi_0$, ... y sont remplacés par leurs valeurs écrites ci-dessus. Cela fait, on peut identifier les deux membres de chacune de ces relations, et en déduire les valeurs des coefficients b_0, d_p, g_p, l_p, p_p, g, h.

On voit ainsi sans peine que, si l'on appelle ng_0, nh_0 les parties de g et h qui sont indépendantes de e, ϖ, e', $\varkappa$, les coefficients inconnus dépendront de m de la façon suivante : ce seront des séries entières par rapport à m, et aux inverses des quantités $jg_0 + kh_0$, ou $(j-1)g_0 + kh_0$, ou $jg_0 + (k-1)h_0$, les indices j et k se rapportant suivant les cas à un argument ϖ_p, ou ϖ''_p, ou ϖ'''_p.

En précisant davantage, on voit que $b_0 - 1$ contient m^2 en facteur ; que les coefficients d_p, g_p, l_p, p_p contiennent respectivement les quantités $\dfrac{m^4}{jg_0 + kh_0}$, $\dfrac{m^2}{jg_0 + kh_0}$, $\dfrac{m^2}{(j-1)g_0 + kh_0}$, $\dfrac{m^2}{jg_0 + (k-1)h_0}$ en facteur ; enfin, que $\dfrac{g}{n}$ et $\dfrac{h}{n}$ contiennent m^2 en facteur. D'ailleurs, d'après un calcul indiqué antérieurement, les parties principales de g_0 et h_0 sont respectivement $\dfrac{3}{4}m^2$ et $-\dfrac{3}{4}m^2$.

Si enfin, on achève maintenant la comparaison des formules (7) et (8), on voit que les coefficients des termes à courtes périodes b_p, c_p, h_p, m_p, sont analogues aux précédents, et contiennent m^2 en facteur ; que les c_p contiennent m^3 en facteur, tandis que les autres coefficients des termes à longue période f_p, k_p, n_p, ne renferment que m en facteur.

Ainsi est obtenue la forme des coefficients qui figurent dans les intégrales (8) ; et il est clair que les propriétés spéciales qui distinguent le développement de $\dfrac{u_1}{u}$ appartiendront à toute fonction de cette quantité.

11. — Les inverses des diviseurs $jg_0 + kh_0$, $(j-1)g_0 + kh_0$, $jg_0 + (k-1)h_0$, peuvent se développer suivant les puissances entières croissantes de m, et leurs développements commenceront en général par un terme en $\dfrac{1}{m^2}$, d'après les valeurs de g_0 et h_0 rapportées plus haut. Il y aura exception à cette règle quand on aura $j = k$, ou $j - 1 = k$, ou $j = k - 1$, puisque g_0 et h_0 ont leurs parties principales égales et de signes contraires ; les développements correspondants commencent alors par un terme en $\dfrac{1}{m^3}$, comme on pourrait s'en assurer facile-

ment, en calculant les termes en m^3 de g_0 et h_0. Pour ces cas exceptionnels, on a :

1° $j = k$, quand il s'agit d'un argument ϖ_μ, et par suite $j' = -2k$; k ne peut pas être nul, puisque la valeur 0 pour ϖ_μ est exclue ; en prenant $k = \pm 2, j = \pm 2, j' = \mp 4$, ce qui est l'hypothèse la plus simple, on voit que les coefficients des développements (8) qui dépendent des diviseurs exceptionnels $jg_0 + kh_0$ contiennent certainement en facteur le produit $e^2 e'$.

2° $j - 1 = k$, quand il s'agit d'un argument ϖ'_μ, et par suite $j' = -2k$; k ne peut être nul, puisque ϖ'_μ ne peut prendre la valeur ϖ ; l'hypothèse la plus simple est donc $k = -2, j = -1$, $j' = 4$, et les coefficients des développements (8) qui dépendent des diviseurs exceptionnels $(j - 1)g_0 + kh_0$, contiennent certainement en facteur le produit $e^2 e'$.

3° $j = k - 1$, quand il s'agit d'un argument ϖ''_μ, et par suite $j' = -2k + 2$; k ne peut être pris égal à 1, puisque la valeur 0 est exclue pour ϖ''_μ ; l'hypothèse la plus simple correspond à $k = -1, j = -2, j' = 4$, et les coefficients des développements (8) qui dépendent des diviseurs exceptionnels $jg_0 + (k - 1)h_0$ contiennent certainement en facteur le produit $e^2 e'$.

Les quantités $e^2 e'$ et $e^2 e'$ sont extrêmement petites, et nous pouvons convenir de négliger tous les termes qui les contiennent en facteur ; par suite nous pouvons dire que les coefficients des développements (8) sont des séries entières par rapport à la quantité m et qu'il en est de même de $\dfrac{g}{n}$ et $\dfrac{h}{n}$: on obtient ces séries en développant les inverses des diviseurs $jg_0 + kh_0, \ldots$

D'une façon plus précise, $b_0 - 1$ est par rapport à m du second ordre (c'est-à-dire que le premier terme de son développement est en m^2) ; les coefficients $b_\mu, e_\mu, h_\mu, m_\mu$ des termes à courtes périodes sont du second ordre, les coefficients c_μ sont du quatrième ordre, tandis que les autres coefficients des termes à longue période f_μ, k_μ, n_μ sont du premier ordre ; les coefficients d_μ sont du quatrième ordre, tandis que les autres coefficients g_μ, l_μ, p_μ des termes à *très longue période* sont de l'ordre zéro ; enfin $\dfrac{g}{n}$ et $\dfrac{h}{n}$ sont du second ordre.

Telle est la forme définitive des intégrales (8) ; il serait d'ailleurs facile d'introduire les modifications nécessaires si l'on ne consentait pas à négliger les termes en $c^2 c'$ et $c'^2 c''$.

Les propriétés particulières du développement de $\dfrac{a_1}{a}$ appartiennent à celui de toute fonction de a_1. Considérons par exemple $\dfrac{a}{a_1}$; d'après les équations (6), on trouve sans peine

$$d\left(\frac{a}{a_1}\right) = -2m^2 \frac{\partial\Omega}{\partial N_1} n_1 dt;$$

or, d'après le principe de la méthode de la variation des constantes, la différentielle $\dfrac{\partial\Omega}{\partial N_1} n_1 dt$ peut être définie comme la différentielle de Ω par rapport au temps, prise en ne faisant varier que les coordonnées de la Lune, mais laissant celles du Soleil constantes. Nous représenterons cette différentielle par $(d\Omega)$; on a donc

$$\frac{a}{a_1} = -2m^2 \int (d\Omega),$$

et l'on voit que le développement de la fonction $m^2 \int (d\Omega)$ sera analogue à celui de $\dfrac{a_1}{a}$, c'est-à-dire ne contiendra aucun terme à longue période ou très longue période au-dessous du quatrième ordre par rapport à m : c'est là un théorème qui nous sera utile plus loin.

12. — Si l'on porte les valeurs de $\dfrac{a_1}{a}$, N_1,... déterminées par les formules (8), dans les expressions elliptiques des coordonnées rectangulaires ou polaires, on voit que celles-ci prendront la forme suivante :

$$(9)\quad
\begin{cases}
x = a\Sigma\tau_p \cos \omega''_p, \\
y = a\Sigma\tau_p \sin \omega''_p, \\
z = a\Sigma\zeta_p \sin \omega'_p; \\
\dfrac{a}{r} = 1 + \Sigma\rho_p \cos \omega_p, \\
v = N + \Sigma\lambda_p \sin \omega_p, \\
s = \Sigma s_p \sin \omega'_p;
\end{cases}$$

et résumant tout ce qui précède, nous voyons d'abord que ω_p est un argument de la forme $iN + jG + kH + i'N' + j'\varpi'$, dans lequel la somme $i + j + k + i' + j'$ est nulle, k étant pair ; ω'_p est un argument de même forme où k est impair ; ω''_p est un argument de même forme où la somme $i + j + k + i' + j'$ est égale à l'unité, k étant pair.

Un coefficient tel que τ_{ip} est une série entière par rapport à m, e, γ, e', z dépendant aussi de ν d'une façon très simple ; cette série renferme en facteur le produit $e^{|i|} \gamma^{|k|} e'^{|i'|}$, et les puissances de e, γ, e', z qui y figurent, sont respectivement de même parité que les entiers j, k, j', $i' - j'$; enfin l'ordre de ce coefficient par rapport à m pourrait être fixé facilement d'après ce qui précède, mais il est inutile d'insister sur ce point.

Les rapports $\dfrac{g}{n}$ et $\dfrac{h}{n}$ sont eux-mêmes des séries analogues aux coefficients τ_{ip},... et sont du second ordre par rapport à m.

Dans les quatre dernières des formules (9), les arguments ω_p et ω_p' peuvent prendre, quand on donne aux entiers i, j, k, i', j' toutes les valeurs possibles, des valeurs deux à deux égales et de signes contraires ; afin de sauvegarder la symétrie, et de faciliter les calculs, nous conserverons ces couples d'arguments, mais nous supposerons que les coefficients des cosinus de deux arguments égaux et de signes contraires sont égaux, tandis que les coefficients des sinus des mêmes arguments sont égaux et de signes contraires.

Nous conserverons la même hypothèse dans tous les cas analogues.

Si l'on a des séries trigonométriques ainsi écrites sous *forme symétrique*, soit

$$c = \Sigma c_p \cos V_p, \qquad s = \Sigma s_p \sin V_p,$$
$$c' = \Sigma c'_p \cos V_p, \qquad s' = \Sigma s'_p \sin V_p,$$

les V_p étant des arguments deux à deux égaux et de signes contraires, on voit sans peine que l'on peut écrire sous forme symétrique encore :

$$cc' = \Sigma c_{p1} c'_{p2} \cos V_p,$$
$$cs = \Sigma c_{p1} s_{p2} \sin V_p,$$
$$ss' = -\Sigma s_{p1} s'_{p2} \cos V_p,$$

les arguments V_{p1} et V_{p2} étant choisis de toutes les façons possibles de façon que leur somme soit égale à V_p.

13. — Avant d'aborder le calcul direct des coefficients des

quatre dernières formules 9), ce qui est notre but principal,
ainsi que nous l'avons déjà dit, nous allons démontrer une
importante proposition dont nous aurons à faire un fréquent
usage par la suite.

Reprenons les équations (2)

$$\frac{d^2x}{dt^2} = \frac{\partial U}{\partial x} , \ldots ,$$

et soit q l'un quelconque des paramètres dont dépendent les
valeurs définitives des inconnues et la fonction U elle-même.
En différentiant les équations précédentes par rapport à q,
on a

$$\frac{d^2 \frac{\partial x}{\partial q}}{dt^2} = \frac{\partial}{\partial q} \left(\frac{\partial U}{\partial x} \right) , \ldots$$

Combinant ces relations avec les précédentes d'une façon évidente, il vient :

$$\frac{\partial x}{\partial q} \frac{d^2x}{dt^2} - x \frac{d^2 \frac{\partial x}{\partial q}}{dt^2} + \ldots = \frac{\partial x}{\partial q} \frac{\partial U}{\partial x} - x \frac{\partial}{\partial q} \left(\frac{\partial U}{\partial x} \right) + \ldots ,$$

ce qui peut encore s'écrire :

$$(10) \quad \frac{d}{dt} \left[\frac{dx}{dt} \frac{\partial x}{\partial q} - x \frac{d}{dt} \left(\frac{\partial x}{\partial q} \right) + \ldots \right]$$
$$= \frac{\partial}{\partial q} \left(2U - r \frac{\partial U}{\partial r} \right) - 2 \left(\frac{\partial U}{\partial q} \right) .$$

en représentant par $\left(\frac{\partial U}{\partial q} \right)$ la dérivée partielle par rapport à
q de U considérée comme fonction de x, y, z et q ; de sorte que
l'on a

$$\frac{\partial U}{\partial q} = \left(\frac{\partial U}{\partial q} \right) + \frac{\partial U}{\partial x} \frac{\partial x}{\partial q} + \frac{\partial U}{\partial y} \frac{\partial y}{\partial q} + \frac{\partial U}{\partial z} \frac{\partial z}{\partial q} ;$$

de plus dans l'égalité précédente $r \frac{\partial U}{\partial r}$ remplace

$$x \frac{\partial U}{\partial x} + y \frac{\partial U}{\partial y} + z \frac{\partial U}{\partial z} .$$

c'est-à-dire que l'on suppose U exprimée à l'aide des coordonnées polaires de la Lune.

D'ailleurs d'après la valeur de Ω, on a

$$2U - r\,\frac{\partial U}{\partial r} = \frac{3n^2 a^3}{r}.$$

$$-\,n'^2 a^2\,(1-2\gamma)\,z\,\frac{r^3}{a^3}\,\frac{a'^5}{r'^5}\left[\left(\frac{3}{8}-\frac{15}{18}\sin^2 s\right)\cos(v-v')\right.$$
$$\left.+\,\frac{5}{8}\cos^3 s\,\cos 3\,(v-v')\right]+\ldots\ldots$$

le terme en $\dfrac{r^2}{a^2}$ disparaissant.

Appelons d'une façon générale $n\tau_p$, $n\tau'_p$, $n\tau''_p$, les coefficients du temps dans les différents arguments ω_p, ω'_p, ω''_p, et remarquons que ces quantités dépendent de q ; les deux membres de la relation (10) sont développables sous la forme $St + C$, C et S étant des séries de cosinus et de sinus analogues aux développements (9) de $\dfrac{a}{r}$ et $v - N$ multipliés par $n^2 a^2$. Si K est la partie constante du développement du second membre, et si C_0 est la partie constante de la série C relative au premier membre, il est évident que ces deux quantités sont égales. Pour calculer C_0, il suffit d'écrire les formules :

$$x = \sum a\tau_p \cos\omega''_p, \qquad \frac{dx}{dt} = -\sum an\tau_p\,\tau''_p \sin\omega''_p,$$

$$\frac{\partial x}{\partial q} = \sum \frac{\partial(a\tau_p)}{\partial q}\cos\omega''_p - t\sum a\tau_p\,\frac{\partial(n\tau''_p)}{\partial q}\sin\omega''_p,$$

$$\frac{d}{dt}\left(\frac{\partial x}{\partial q}\right) = -\sum \frac{\partial(an\tau_p\,\tau''_p)}{\partial q}\sin\omega''_p$$
$$-\,t\sum an\tau_p\,\tau''_p\,\frac{\partial(n\tau''_p)}{\partial q}\cos\omega''_p.$$

et les analogues relatives aux deux autres coordonnées ; on trouve immédiatement :

$$C_0 = \sum a^2\tau_p^2\,\frac{\partial(n^2\tau''^2_p)}{\partial q} + \sum a^2\tau_p^2\,\frac{\partial(n^2\tau'^2_p)}{\partial q}.$$

Si donc P est la partie constante de la fonction $2U - r\,\dfrac{\partial U}{\partial r}$, et Q la partie constante de $\left(\dfrac{\partial U}{\partial q}\right)$, on a l'égalité

$$(11)\quad \frac{\partial P}{\partial q} - 2Q = \sum a^3 r_{,\rho}^2\,\frac{\partial\,(n^2 z''_\rho{}^2)}{\partial q} + \sum a^2 r_{,\rho}^2\,\frac{\partial\,(n^2 z'_\rho{}^2)}{\partial q}.$$

Cette formule nous servira souvent ; elle contient en particulier, comme nous le verrons, les propositions connues sous le nom de *théorèmes d'Adams*.

CHAPITRE III

CALCUL EFFECTIF DES PRINCIPALES INÉGALITÉS SOLAIRES DU MOUVEMENT DE LA LUNE

14. — Nous allons calculer directement les inégalités solaires principales de la longitude, de la latitude, et de la parallaxe de la Lune, par la méthode des coefficients indéterminés, facilement applicable, puisque nous connaissons la forme des inconnues.

Nous nous servirons à cet effet des équations suivantes que l'on tire immédiatement des équations (5) :

$$\frac{1}{2}\frac{d^2(r^2)}{dt^2} = x\frac{d^2x}{dt^2} + y\frac{d^2y}{dt^2} + z\frac{d^2z}{dt^2} + \frac{dx^2}{dt^2} + \frac{dy^2}{dt^2} + \frac{dz^2}{dt^2}$$

$$= \frac{n^2a^3}{r} + n^2a^2m^2\left(r\frac{\partial\Omega}{\partial r} + 2\int(d\Omega)\right).$$

$$(12) \quad r^2\cos^2 s\,\frac{dv}{dt} = x\frac{dy}{dt} - y\frac{dx}{dt} = n^2a^2m^2\int\frac{\partial\Omega}{\partial v}\,dt,$$

$$r\frac{d^2r}{dt^2} - r^2\cos^2 s\,\frac{dv^2}{dt^2} - r^2\frac{ds^2}{dt^2} = x\frac{d^2x}{dt^2} + y\frac{d^2y}{dt^2} + z\frac{d^2z}{dt^2}$$

$$= -\frac{n^2a^3}{r} + n^2a^2m^2r\frac{\partial\Omega}{\partial r},$$

$$\frac{d^2z}{dt^2} + \frac{n^2a^3z}{r^3} = n^2a^2m^2\frac{\partial\Omega}{\partial z}\,;$$

la fonction Ω est supposée exprimée à l'aide des coordonnées polaires ou rectangulaires, suivant le cas ; la différentielle $(d\,\Omega)$ a le sens déjà défini au n° 11 ; les quadratures indiquées renferment implicitement des constantes non écrites.

Pour abréger l'écriture, faisons

$$\frac{a}{r} = 1 + \rho, \quad \frac{z}{a} = \zeta, \quad v = N + \lambda,$$
$$\frac{a'}{r'} = 1 + \rho', \quad v' = N' + \lambda',$$

de sorte que l'on pourra effectuer des développements en série suivant les puissances des petites quantités ρ, ζ, λ, ρ', λ', s : on a d'ailleurs

$$s = \text{arc sin}\,\{\zeta(1 + \rho)\}.$$

Posons encore

$$m^2 r \,\frac{\partial \Omega}{\partial r} = A, \quad m^2 \int (d\Omega) = -\frac{1}{2} + B,$$
$$m^2 \int \frac{\partial \Omega}{\partial v}\, n\, dt = C, \quad m^2 a\, \frac{\partial \Omega}{\partial z} = D,$$

les fonctions B et C contenant chacune un terme constant à déterminer.

Les équations (12) s'écrivent

$$\rho - \frac{1}{2}\,\frac{d^2\,(1 + \rho)^{-2}}{n^2 dt^2} + A + 2B = 0,$$

$$(13)\ \begin{cases} (1 + \rho)^{-2}\cos^2 s\left(1 + \frac{d\lambda}{ndt}\right) - C = 0, \\[2mm] C\,\frac{d\lambda}{ndt} - (1 + \rho) - (1 + \rho)^{-1}\,\frac{d^2\,(1 + \rho)^{-1}}{n^2 dt^2} \\[2mm] \qquad\qquad\qquad + (1 + \rho)^{-2}\,\frac{ds^2}{n^2 dt^2} + A + C = 0, \\[2mm] \frac{d^2\zeta}{n^2 dt^2} + (1 + \rho)^3\,\zeta - D = 0. \end{cases}$$

Nous nous servirons constamment des deux premières et de la quatrième des équations précédentes ; et nous y joindrons une formule pour calculer s, soit

$$(14)\quad s = \zeta(1 + \rho) + \frac{1}{6}\,\zeta^3(1 + \rho)^3 + \frac{3}{40}\,\zeta^5(1 + \rho)^5 + \ldots$$

La troisième équation (13) serait nécessaire pour calculer la

partie constante de ρ, si nous n'avions pas un autre moyen de
faire ce calcul, fourni par le théorème du n° 13, et que nous
emploierons de préférence.

Remarquons encore la combinaison suivante des trois premières équations (13), obtenue en ajoutant ces trois équations
multipliées respectivement par 3, $(1+\rho)$ et $(1+\rho)$:

$$(15) \quad \begin{cases} [(1+\rho)^{-1}\cos^2 s + (1+\rho)C]\dfrac{d\lambda}{ndt} - \rho^3(1+\rho)^{-1} \\[2mm] +(1+\rho)^{-1}\left(\dfrac{ds^2}{n^2dt^2} - \sin^2 s\right) \\[2mm] -\dfrac{d^2}{n^2dt^2}\left(\dfrac{3}{2}(1+\rho)^{-2} + (1+\rho)^{-1}\right) + (1+\rho)A + 3A + 6B = 0 ; \end{cases}$$

cette formule sera d'un emploi plus commode que les précédentes pour le calcul des inégalités et à longue ou très longue
période de la longitude, comme on le voit immédiatement.

15. — Pour intégrer les équations que nous venons d'obtenir par la méthode des coefficients indéterminés, il suffit d'y
remplacer les inconnues par leurs valeurs supposées que nous
récrivons

$$(16) \quad \begin{cases} \rho = \Sigma\rho_p \cos \omega_p , & \lambda = \Sigma\lambda_p \sin \omega_p , \\[2mm] \zeta = \Sigma\zeta_p \sin \omega'_p, & s = \Sigma s_p \sin \omega'_p ; \end{cases}$$

puis de développer les premiers membres en séries de cosinus
ou de sinus des arguments ω_p ou ω'_p, et d'égaler à zéro le
coefficient de chaque cosinus ou sinus. On obtient ainsi autant
de relations qu'il est nécessaire pour déterminer toutes les
inconnues par approximations successives, y compris les rap-
ports $\dfrac{g}{n}$ et $\dfrac{h}{n}$, et les termes constants des fonctions B et C.
Le terme constant de C nous sera seul utile ; nous le désigne-
rons par χ, et il est clair que cette quantité est développable
suivant les puissances des paramètres comme $\dfrac{g}{n}$ et $\dfrac{h}{n}$.

Le succès du procédé que nous venons d'indiquer fournit
une vérification de tout ce qui a été dit au chapitre précédent.

Il est nécessaire d'indiquer comment on développera les

fonctions A, B, C, D. On a :

$$(17) \quad
\begin{aligned}
m^2 \Omega = {} & m^2 (1+\rho)^{-2}(1+\rho')^3 \left[\frac{1}{4} - \frac{3}{4}\sin^2 s \right. \\
& \left. + \frac{3}{4}\cos^2 s \cos 2\,(N - N' + \lambda - \lambda') \right] \\
& + m^2 (1 - 2\nu)\, x\, (1+\rho)^{-3}(1+\rho')^4 \\
& \times \left[\left(\frac{3}{8} - \frac{15}{8}\sin^2 s \right) \cos s \cos (N - N' + \lambda - \lambda') \right. \\
& \left. + \frac{5}{8}\cos^3 s \cos 3\,(N - N' + \lambda - \lambda') \right] + \dots ;
\end{aligned}$$

il est facile de développer cette fonction suivant les cosinus des multiples de $N - N'$ et les puissances de $\rho, \rho', \lambda, \lambda', s$; et par suite, finalement, de la mettre sous la forme

$$m^2 \Omega = \Sigma\, \Omega_\rho \cos \omega_\rho,$$

la notation ω_ρ ayant toujours la même signification que précédemment.

On peut écrire

$$\Omega_\rho = \Omega_\rho^{(0)} + \Omega_\rho^{(2)} + \Omega_\rho^{(-2)} + \Omega_\rho^{(1)} + \Omega_\rho^{(-1)} + \Omega_\rho^{(3)} + \Omega_\rho^{(-3)} + \dots,$$

où l'on désigne par $\Omega_\rho^{(0)}$ le coefficient de $\cos \omega_\rho$ dans le développement de

$$\frac{m^2}{4}(1+\rho)^{-2}(1+\rho')^3 (1 - 3\sin^2 s) ;$$

par $\Omega_\rho^{(\pm 2)}$ la somme des coefficients de $\cos [\omega_\rho \mp 2\,(N - N')]$ et $\sin [\omega_\rho \mp 2\,(N - N')]$ dans le développement de

$$\frac{3m^2}{8}(1+\rho)^{-2}(1+\rho')^3 \cos^2 s\, [\cos 2\,(\lambda - \lambda') \pm \sin 2\,(\lambda - \lambda')] ;$$

par $\Omega_\rho^{(\pm 1)}$ la somme des coefficients de $\cos [\omega_\rho \mp (N - N')]$ et $\sin [\omega_\rho \mp (N - N')]$ dans le développement de

$$\frac{3m^2}{16}(1 - 2\nu)\, x\, (1+\rho)^{-3}(1+\rho')^4 \cos s\, (1 - 5\sin^2 s)$$
$$\times [\cos (\lambda - \lambda') \pm \sin (\lambda - \lambda')] ;$$

par $\Omega_\mu^{(\pm 3)}$ la somme des coefficients de $\cos[\omega_\mu \mp 3\,(N-N')]$ et $\sin[\omega_\mu \mp 3\,(N-N')]$ dans le développement de

$$\frac{5\,m^2}{16}(1-2\nu)\,z\,(1+\rho)^{-3}\,(1+\rho')^4\,\cos^3 s\,\cos 3\,(\lambda-\lambda')$$
$$\pm \sin 3\,(\lambda-\lambda')\,|.$$

La fonction Ω étant ainsi préparée, il est évident que si l'on fait

$$A = \Sigma A_\mu \cos\omega_\mu, \quad B = \Sigma B_\mu \cos\omega_\mu, \quad C = \Sigma C_\mu \cos\omega_\mu,$$

on aura d'abord

$$A_\mu = 2\,(\Omega_\mu^{(0)} + \Omega_\mu^{(2)} + \Omega_\mu^{(-2)}) + 3\,(\Omega_\mu^{(1)} + \Omega_\mu^{(-1)} + \Omega_\mu^{(3)} + \Omega_\mu^{(-3)}) + \dots,$$
$$C_\mu = \frac{1}{\sigma_\mu}(2\,\Omega_\mu^{(2)} - 2\,\Omega_\mu^{(-2)} + \Omega_\mu^{(1)} - \Omega_\mu^{(-1)} + 3\,\Omega_\mu^{(3)} - 3\,\Omega_\mu^{(-3)} + \dots),$$

le coefficient du temps dans ω_μ étant toujours désigné par $n\,\sigma_\mu$.

La fonction $(1+\rho)\,A$ qui figure dans l'équation (15) s'obtiendra d'une façon analogue.

Pour calculer B_μ, nous nous souviendrons de la définition de la différentielle $(d\,\Omega)$; considérons un terme quelconque de $\Omega_\mu^{(i)}$ tel qu'on l'obtient quand on substitue dans Ω aux inconnues leurs valeurs (16) et à ρ', λ' les valeurs analogues

$$\rho' = \Sigma \rho'_\mu \cos\omega_\mu, \quad \lambda' = \Sigma \lambda'_\mu \sin\omega_\mu;$$

ce terme sera de la forme

$$A\,\rho_{\mu 1}\,\rho_{\mu 2}\dots\lambda_{q1}\dots s_{r1}\dots\rho'_{p'1}\dots\lambda'_{q'1}\dots\cos\omega_\mu,$$

où

$$\omega_\mu = i\,(N-N') + \omega_{\mu 1} + \omega_{\mu 2} + \dots + \omega_{q1} + \dots + \omega'_{r1} + \dots + \omega_{\mu t_4}$$
$$+ \dots + \omega_{q'1} + \dots,$$

et où A désigne une fonction de ν et z simplement.

Il est clair alors que ce terme se retrouvera dans B_μ multiplié par le facteur

$$\frac{i + \sigma_{p1} + \sigma_{p2} + \dots + \sigma_{q1} + \dots + \sigma'_{r1} + \dots}{\sigma_\mu},$$

qu'on peut écrire encore sous la forme plus commode :

$$1 + \frac{im - \sigma_{p'_1}\ldots - \sigma_{q'_1}\ldots}{\sigma_p},$$

$\sigma_{p'_1}\ldots \sigma_{q'_1}\ldots$ étant simplement des multiples de m.
On a ensuite

$$(18) \qquad D = - m^2(1 + \rho')^3 \zeta$$
$$- 3 m^2(1 - 2\nu)\varkappa(1 + \rho)^{-1}(1 + \rho')^4 \zeta \cos s \cos (N - N' + \lambda - \lambda') + \ldots$$

et par suite, si l'on fait

$$D = \Sigma D_p \sin \omega'_p,$$

on pourra écrire

$$D_p = D_p^0 + D_p^{(1)} + D_p^{(-1)} + \ldots,$$

D_p^0 étant le coefficient de $\sin \omega'_p$ dans l'expression

$$- m^2(1 + \rho')^3 \zeta ;$$

$D_p^{(\pm 1)}$ étant la somme des coefficients de $\cos \lfloor \omega'_p \mp (N - N') \rfloor$ et $\sin \lfloor \omega'_p \mp (N - N') \rfloor$ dans

$$- \frac{3m^2}{2} (1 - 2\nu)\, \varkappa(1 + \rho)^{-1}(1 + \rho')^4 \zeta \cos s [\cos (\lambda - \lambda') \mp \sin (\lambda - \lambda')].$$

16. — Nous pouvons maintenant procéder aux calculs nécessaires pour la détermination des inégalités solaires du mouvement de la Lune. Bien entendu, il serait impossible de développer ici une théorie complète de ces inégalités ; nous nous bornerons donc à donner des indications suffisantes pour permettre leur calcul jusqu'au quatrième ordre de petitesse inclusivement, en considérant m, e, γ, e' comme de petites quantités du premier ordre et $\varkappa$ comme du second ordre. Le calcul sera ordonné suivant les puissances de e, γ e', $\varkappa$, et les coefficients des produits $e^\mu \gamma^\nu e'^r \varkappa^s$ dans les différentes inconnues seront eux-mêmes développés suivant les puissances de m, aussi loin qu'il sera nécessaire pour satisfaire aux conditions posées ; quelquefois même, ce développement sera poussé un peu plus loin, soit parce que les termes complémentaires se présentent d'eux-mêmes sans difficulté, soit parce qu'ils sont nécessaires pour le calcul d'autres coefficients.

Afin de rendre les résultats obtenus plus facilement comparables avec ceux d'autres auteurs, nous modifierons légèrement la signification des constantes e et γ définies par les formules(8). Il est facile de voir que, sans rien changer à toutes les conclusions précédemment énoncées, au lieu de choisir pour e et γ les coefficients de $\sin G$ et $\sin H$ dans h_1 et p_1, nous pouvons convenir de déterminer ces constantes de façon que les coefficients de $\sin (N - G)$ et $\sin (N - H)$, dans la longitude et dans la latitude, aient les mêmes valeurs,

$$2e - \frac{1}{4} e^3 + \frac{5}{96} e^5 \dots$$

$$2\gamma - 2\gamma e^2 - \frac{1}{4} \gamma^3 + \frac{7}{24} \gamma^5 \dots,$$

que dans un mouvement képlérien qui admettrait e pour excentricité et γ comme sinus de la demi-inclinaison.

C'est ce choix que nous adopterons avec Delaunay. Ajoutons que les termes principaux de la longitude de la Lune sont, comme nous le verrons par ce qui suit, ceux qui dépendent des arguments $N - G$, $N' - \varpi'$, $2(N - N')$, $N - 2N' + G$, et $N - N'$: on les appelle communément *équation du centre*, *équation annuelle*, *variation*, *évection* et *équation parallactique*.

17. — Termes ne dépendant que de m. — Ces termes correspondent aux parties de ρ et de λ qui sont de la forme :

$$\rho = a_0 + 2a_1 \cos 2(N - N') + 2a_2 \cos 4(N - N') + \dots$$
$$\lambda = \quad\quad 2b_1 \sin 2(N - N') + 2b_2 \sin 4(N - N') + \dots$$

formules dans lesquelles il serait facile de rétablir la forme symétrique. Les coefficients a_0, a_1,... ne dépendent que de m : a_0, a_1, b_1 sont du second ordre ; a_2 et b_2 sont du quatrième ordre ; les coefficients non écrits sont au moins du sixième ordre.

En même temps que a_0, nous déterminerons la partie de la constante γ qui ne dépend que de m, soit γ_0.

Pour obtenir a_0, faisons usage de la relation (11) du chapitre précédent en choisissant m pour le paramètre q. On trouve sans peine qu'on peut écrire :

$$m \frac{da_0}{dm} = \frac{1}{3} m^2 \Omega_0 + \frac{m}{3} \sum \gamma_p^2 \frac{\partial (\sigma_p''^2)}{\partial m},$$

Ω_0 désignant la partie constante de Ω qui ne dépend que de m ; d'ailleurs les arguments ω''_p qui figurent au second membre sont de la forme $(1 - i')\,N + i'N'$, i' étant pair ; on écrira donc

$$m\frac{da_0}{dm} = -\frac{4}{3} m^2\Omega_0 + \frac{2}{3}\sum i'm(1 - i' + i'm)q^2_{i',p}.$$

La première approximation donne

$$m^2\Omega_0 = \frac{m^2}{4} + 0.m^4 + \dots$$

et par suite

$$a_0 = \frac{m^2}{6} + 0.m^4 + \dots :$$

d'où, par la seconde équation (13) :

$$z_0 = 1 - 2a_0 = 1 - \frac{m^2}{3} + 0.m^4 + \dots$$

On a ensuite, en négligeant seulement m^6, par les deux premières équations (13) :

$$a_1 + 4(1-m)^2(-a_1 + 3a_0 a_1) + m^2(-2a_1)$$
$$+ \frac{3}{8} m^2(1 - 2a_0)\left(4 + \frac{4m}{2(1-m)}\right) = 0.$$

$$2(1-m)(1 - 2a_0)b_1 - 2a_1 + 6a_0 a_1$$
$$- \frac{3}{8} m^2(1 - 2a_0)\frac{2}{2(1-m)} = 0,$$

$$a_2 + 16(1-m)^2\left(-a_2 + \frac{3}{2}a_1^2\right)$$
$$+ \frac{3}{8} m^2(-2a_1 + 2b_1)\left(4 + \frac{4m}{4(1-m)}\right) = 0,$$

$$4(1-m)b_2 - 2a_2 + 3a_1^2 - 4(1-m)a_1 b_1$$
$$- \frac{3}{8} m^2(-2a_1 + 2b_1)\frac{2}{4(1-m)} = 0.$$

Ces équations sont écrites, ainsi que nous le ferons toujours, telles qu'on les obtient immédiatement en appliquant ce qui a été dit.

On en tire :

$$a_1 = \frac{1}{2} m^2 + \frac{19}{12} m^3 + \frac{131}{36} m^4 + \frac{383}{54} m^5 + \ldots$$

$$b_1 = \frac{11}{16} m^2 + \frac{59}{24} m^3 + \frac{893}{144} m^4 + \frac{2855}{216} m^5 + \ldots ;$$

$$a_2 = \frac{7}{16} m^4 + \frac{2737}{960} m^5 \ldots, \quad b_2 = \frac{201}{512} m^4 + \frac{649}{240} m^5 \ldots .$$

Faisons une seconde approximation pour a_0 ; on trouve aisément que les coefficients $\tau_{i'}$ relatifs aux arguments $2N' - N$ et $3N - 2N'$ sont respectivement $-(a_1 + b_1)$ et $-(a_1 - b_1)$, en négligeant m^5 ; par suite, comme on a en négligeant m^6 :

$$m^2 \Omega_0 = \frac{m^2}{4} (1 - 2a_0) + \frac{3m^2}{4} (-2a_1 - 2b_1),$$

il vient

$$a_0 = \frac{m^2}{6} - \frac{179}{288} m^4 - \frac{97}{48} m^5 \ldots ;$$

de plus,

$$Z_0 = 1 - 2a_0 + 3a_0^2 + 6a_1^2 - 8(1 - m)a_1 b_1 .$$

d'où

$$Z_0 = 1 - \frac{m^2}{3} + \frac{11}{144} m^4 - \frac{9}{4} m^5 \ldots .$$

18. — **Termes en** z. — La solution correspondante est

$$\rho = 2(1 - 2v)z \, a_3 \cos(N - N') + a_4 \cos 3(N - N') + \ldots .$$
$$\lambda = 2(1 - 2v)z [b_3 \sin(N - N') + b_4 \sin 3(N - N') + \ldots ;$$

a_3 et b_3 sont de l'ordre de m, a_4 et b_4 de l'ordre de m^2.

On a :

$$a_3 + (1 - m)^2 (-a_3 + 3a_0 a_3 + 3a_1 a_3) + m^2 (-2a_3)$$
$$+ \frac{3}{8} m^2 (-2a_3 - 2b_3)\left(4 + \frac{4m}{1 - m}\right) + \frac{3}{16} m^2 \left(5 + \frac{2m}{1 - m}\right) = 0.$$

$$(1 - m)b_3 - 2a_3 - \frac{3}{16} m^2 \frac{1}{1 - m} = 0 ;$$

$$a_4 - 9(1 - m)^2 a_4 + \frac{5}{16} m^2 \left(5 + \frac{6m}{3(1 - m)}\right) = 0 ,$$

$$3(1 - m)b_4 - 2a_4 - \frac{5}{16} m^2 \frac{3}{3(1 - m)} = 0 ;$$

d'où

$$a_3 = -\frac{15}{32}m - \frac{81}{32}m^2\ldots, \quad b_3 = -\frac{15}{16}m - \frac{93}{16}m^2\ldots;$$

$$a_4 = \frac{25}{128}m^2\ldots; \quad b_4 = \frac{15}{64}m^2\ldots.$$

19. — **Termes en e'.** — La solution correspondante est

$$\rho = æe'\,a_5\cos(N-\varpi') + a_6\cos(2N-N'-\varpi')$$
$$+ a_7\cos(2N-3N'+\varpi') + \ldots,$$
$$\lambda = æe''\,b_5\sin(N'-\varpi') + b_6\sin(2N-N'-\varpi')$$
$$+ b_7\sin(2N-3N'+\varpi') + \ldots;$$

les coefficients écrits sont tous de l'ordre de m^2, sauf b_5 qui est de l'ordre de m.

On a, en première approximation :

$$a_5 + \frac{m^2}{2}\left(\frac{3}{4}\right) = 0, \quad mb_5 - 3a_5 = 0;$$

$$a_6 - (2-m)^2 a_6 + \frac{3}{8}m^2\left(\frac{3}{4}-2\right)\left(4+\frac{4m-2m}{2-m}\right)$$
$$+ \frac{3}{8}m^2(2b_5)\left(4+\frac{4m}{2-m}\right) = 0,$$
$$(2-m)b_6 - 2a_6 - \frac{3}{8}m^2\left(\frac{3}{4}-2+2b_5\right)\frac{2}{2-m} = 0;$$

$$a_7 - (2-3m)^2 a_7 + \frac{3}{8}m^2\left(\frac{3}{4}+2\right)\left(4+\frac{4m+2m}{2-3m}\right)$$
$$+ \frac{3}{8}m^2(-2b_5)\left(4+\frac{4m}{2-3m}\right) = 0,$$
$$(2-3m)b_7 - 2a_7 - \frac{3}{8}m^2\left(\frac{3}{4}+2-2b_5\right)\frac{2}{2-3m} = 0;$$

d'où

$$a_5 = -\frac{3}{4}m^2 + 0.m^3\ldots, \quad b_5 = -\frac{3}{2}m + 0.m^2\ldots;$$

$$a_6 = -\frac{1}{4}m^2 - \frac{91}{48}m^3\ldots, \quad b_6 = -\frac{11}{32}m^2 - \frac{257}{96}m^3\ldots;$$

$$a_7 = \frac{7}{4}m^2 + \frac{157}{16}m^3\ldots, \quad b_7 = \frac{77}{32}m^2 + \frac{479}{32}m^3\ldots$$

Il y a lieu de faire une seconde approximation pour déterminer le terme en m^3 dans b_3. On a, par l'équation (1) :

$$(1 + 2a_0)m'b_3 + \left[(2 - m')b_6 + (2 - 3m')b_7 \right] \frac{3}{8} m^2 \frac{2}{2(1-m)}$$

$$+ 2(1-m')b_1 \left[\frac{3}{8} m^2 \left(\frac{3}{2} - 2 \right) \frac{2}{2-m} \right.$$

$$\left. + \frac{3}{8} m^2 \left(\frac{3}{2} + 2 \right) \frac{2}{2-3m} \right]$$

$$- 4m^2 a_5 + \frac{m^2}{2} \left[\frac{3}{2} (1 - a_0') - a_5 \right]$$

$$+ \frac{3m^2}{4} \left[\left(\frac{3}{2} - 2 \right)(-a_1 - 2b_1) - a_7 - 2b_7 \right]$$

$$+ \frac{3m^2}{4} \left[\left(\frac{3}{2} + 2 \right)(-a_1 - 2b_1) - a_6 - 2b_6 \right]$$

$$+ \frac{m^2}{4} \left[\frac{3}{2} (1 - 2a_0) + \left(12 - \frac{6m}{m} \right) + (-2a_5)12 \right]$$

$$+ \frac{3m^2}{8} \left[\left(\frac{3}{2} - 2 \right)(-2a_1 - 2b_1) \left(12 + 6 \frac{2m-m}{m} \right) \right.$$

$$\left. + (-2a_7 - 2b_7) \left(12 + 6 \frac{2m}{m} \right) \right]$$

$$+ \frac{3m^2}{8} \left[\left(\frac{3}{2} + 2 \right)(-2a_1 - 2b_1) \left(12 + 6 \frac{-2m-m}{m} \right) \right.$$

$$\left. + (-2a_6 - 2b_6) \left(12 - 6 \frac{2m}{m} \right) \right] = 0.$$

Cette formule, plus longue à écrire qu'à calculer, donne

$$b_3 = - \frac{3}{2} m + \frac{715}{32} m^3 \ldots$$

20. — **Termes en ze'**. — La solution correspondante est

$$\rho = 2(1 - 2\nu) ze' \, a_8 \cos (N - \varpi') + a_9 \cos (N - 2N' + \varpi') + \ldots,$$

$$\lambda = 2(1 - 2\nu) ze' \, [b_8 \sin (N - \varpi') + b_9 \sin (N - 2N' + \varpi') + \ldots];$$

a_8 et b_8 sont d'ordre zéro par rapport à m, tandis que a_9 et b_9

sont du premier ordre. On a :

$$3a_0a_8 + 3a_1a_9 + 3a_2a_2 + 3a_3a_6 + \frac{m^2}{4}\left(\tfrac{3}{2}\right)(-2a_3)(3-2m)$$

$$+ m^2(-2a_4) + \frac{3}{8}m^2\left(\tfrac{3}{2}-2\right)(-2a_2-2b_2)(3+4m-2m)$$

$$+ \frac{3m^2}{8}(-2a_9-2b_9)(3+5m) + \frac{3m^2}{16}\left(\tfrac{3}{2}-1\right)(5+2m-2m)$$

$$+ \frac{3m^2}{16}b_2(3+2m) = 0,$$

$$b_8 - 2a_8 = 0;$$

$$a_3 + (1-2m)^2(-a_3+3a_1a_3) + \frac{3m^2}{8}(-2a_8-2b_8)\left(3+\frac{4m}{1-2m}\right)$$

$$+ \frac{3m^2}{16}\left(\tfrac{3}{2}+1\right)\left(5+\frac{2m+2m}{1-2m}\right) = 0,$$

$$(1-2m)\,b_9 - 2a_9 = 0;$$

d'où

$$a_4 = \frac{5}{8} - \frac{45}{16}\,m\ldots\ldots \qquad b_4 = \frac{5}{4} - \frac{15}{8}\,m\ldots\ldots;$$

$$a_9 = \frac{15}{32}\,m\ldots\ldots \qquad b_6 = \frac{15}{16}\,m\ldots\ldots$$

21. — **Termes en e'^2 et e'^3.** — La solution correspondante est :

$$\rho = 2e'^2\left(\frac{a_{10}}{2} + a_{11}\cos 2(N-N') + a_{12}\cos 2(N'-\varpi')\right.$$

$$\left. + a_{13}\cos 2(N-\varpi') + a_{14}\cos 2(N-2N'+\varpi') + \ldots\right)$$

$$+ 2e'^3\left[a_{15}\cos(N'-\varpi') + a_{16}\cos 3(N'-\varpi') + \ldots\right],$$

λ ayant un développement analogue, sans terme constant.

Indiquons seulement comment on calculera a_{10}, les autres termes n'offrant aucune difficulté. La formule (11) du chapitre précédent, dans laquelle on prend pour paramètre q la quantité e', donne :

$$6e'a_{10} - 2m^2\left(\frac{\partial\Omega}{\partial e'}\right)_0 = 0.$$

$\left(\dfrac{\partial\Omega}{\partial e'}\right)_0$ indiquant le terme constant de $\left(\dfrac{\partial\Omega}{\partial e'}\right)$ qui renferme e' en facteur. Ceci donne, en faisant les réductions évidentes :

$$3a_{10} = \frac{3m^2}{4}\left(1 - 2a_6 - 2a_5\right)$$

$$+ \frac{3m^2}{4}\left(10\,(a_1 + b_1) + a_6 + b_6 - 7\,(a_7 + b_7) - 16\,(a_1 + b_1)\,b_2\right).$$

d'où, en négligeant seulement m^6 :

$$a_{10} = \frac{m^2}{4} - \frac{799}{192}\,m^4 - \frac{873}{32}\,m^5 \,\ldots\ldots$$

Si χ_{10} est le coefficient du terme en e'^2 de χ, on en déduit

$$\chi_{10} = -\frac{m^2}{2} + 0.\,m^3\ldots$$

De plus

$$a_{11} = -\frac{3}{4}\,m^2\,\ldots\ldots, \qquad\qquad b_{11} = -\frac{55}{32}\,m^2\,\ldots\ldots;$$

$$a_{12} = -\frac{9}{8}\,m^2 + 0.m^3\,\ldots\ldots \qquad b_{12} = -\frac{9}{8}\,m + 0.m^2\,\ldots\ldots;$$

$$a_{13} = -\frac{3}{8}\,m^3\,\ldots\ldots \qquad\qquad b_{13} = 0.m^2\,\ldots\ldots;$$

$$a_{14} = \frac{17}{4}\,m^2\,\ldots\ldots \qquad\qquad b_{14} = \frac{187}{32}\,m^2\,\ldots\ldots;$$

$$a_{15} = -\frac{27}{32}\,m^2 + 0.m^3\,\ldots\ldots \qquad b_{15} = -\frac{27}{16}\,m + 0.m^2\,\ldots\ldots;$$

$$a_{16} = -\frac{53}{32}\,m^2 + 0.m^3\,\ldots\ldots \qquad b_{16} = -\frac{53}{48}\,m + 0.m^2\,\ldots\ldots$$

22. — **Termes en e.** — La solution correspondante est :

$$\rho = 2e'\left[a_{17}\cos(N - G) + a_{18}\cos(3N - 2N' - G)\right.$$
$$\left.+ a_{19}\cos(N - 2N' + G) + a_{20}\cos(3N - 4N' + G) + \ldots\ldots\right],$$

χ ayant un développement analogue.

Le coefficient b_{17} est égal à l'unité, d'après les conventions faites. Les deux équations relatives à l'argument $N - G$ détermineront a_{17} et la partie de $\dfrac{g}{n}$ qui ne dépend que de m, soit g_0. Nous transcrirons seulement ces deux équations et celle qui sert à déterminer a_{19}, coefficient du premier ordre par rapport à m. On a :

$$a_{17} + (1 - g_0)^2\, a_{17}\,(-1 + 3a_0 - 6a_0^2 - 12a_1^2) + 3a_1\,(a_{18} + a_{19}$$
$$+ m^2\quad 3 + 6a_0)\,a_{17} + \frac{3m^2}{8} - 2a_{17}\,(-3a_1 - 2b_1)$$
$$+ 2b_{17}\,(-2a_1 - 2b_1) - 2a_{19} - 2b_{19}\left(4 + \frac{im}{1 - g_0}\right)$$
$$+ \frac{3m^2}{8} - 2a_{17}\,(-3a_1 - 2b_1) - 2b_{17}\,(-2a_1 - 2b_1)$$
$$- 2a_{18} - 2b_{18}\left(i - \frac{im}{1 - g_0}\right) = 0,$$

$$(1 - 2a_0)(1 - g_0) - 2(1 - 3a_0)\,a_{17} - 2\;(-3a_1 + 2(1 - m))\,b_1\; a_{19}$$
$$- 2(1 - 2m + g_0)\,a_1 b_{18} - \frac{3m^2}{8}\,(-2a_{19} - 2b_{19})\,\frac{2}{1 - g_0} = 0;$$

$$a_{19} + (1 - 2m + g_0)^2\,a_{17}\,(-1 + 3a_0) + a_{17}\,(3a_1 - 12a_0 a_1$$
$$+ m^2\,(-2a_{19} + 6a_1 a_{17})$$
$$+ \frac{3m^2}{8} - 2a_{17}\,(1 - 3a_0) - 2b_{17}\,(1 - 2a_0)\left(4 + \frac{im}{1 - 2m + g_0}\right) = 0.$$

Et l'on trouve

$$g_0 = \frac{3}{4}\,m^2 + \frac{225}{32}\,m^3 + \frac{4074}{128}\,m^4 \ldots ;$$

$$a_{17} = \frac{1}{2} - \frac{7}{24}\,m^2 - \frac{285}{128}\,m^3 \ldots ;$$

$$a_{18} = \frac{33}{32}\,m^2 + \frac{101}{32}\,m^3 \ldots, \qquad b_{18} = \frac{17}{16}\,m^2 + \frac{169}{48}\,m^3 \ldots ;$$

$$a_{19} = \frac{15}{16}\,m + \frac{187}{64}\,m^2 + \frac{29513}{3072}\,m^3 \ldots$$

$$b_{19} = \frac{15}{8}\,m + \frac{103}{32}\,m^2 + \frac{48217}{1536}\,m^3 \ldots ;$$

$$a_{20} = \frac{495}{256}\,m^3 \ldots, \qquad b_{20} = \frac{255}{128}\,m^3 \ldots.$$

24. — Termes en ze. — La solution correspondante est :

$$p = 2(1 - 2\nu)\,ze\;a_{21}\cos(2N - N' - G) + a_{22}\cos(N' - G) + \ldots,$$
$$t = 2(1 - 2\nu)\,ze\;b_{21}\sin(2N - N' - G) + b_{22}\sin(N' - G) + \ldots,$$

L'équation (15) donne pour calculer b_{22}, en se souvenant que la fonction B ne contient aucun terme à longue période au-dessous du quatrième ordre par rapport à m :

$$2\left(m - g_0\right)b_{22} + (1 - g_0)\,b_{17}\,\frac{3m^2}{16\,(1-m)} + \frac{9m^2}{16}\left(-2a_{17} - b_{17}\right) + \frac{27m^2}{16}\left(-3a_{17} - b_{17}\right) = 0,$$

et l'on trouve :

$$a_{21} = -\frac{15}{16}\,m \ldots\ldots \qquad b_{21} = -\frac{75}{64}\,m \ldots\ldots :$$

$$a_{22} = 0.m \ldots\ldots \qquad b_{22} = \frac{165}{64}\,m \ldots\ldots$$

24. — **Termes en ee'.** — La solution correspondante est :

$$\rho = 2ee'\,a_{23}\cos(N + N' - G - m') + a_{24}\cos(N - N' - G + m') + a_{25}\cos(3N - N' - G - m') + a_{26}\cos(3N - 3N' - G + m') + a_{27}\cos(N - N' + G - m') + a_{28}\cos(N - 3N' + G + m') + \ldots,$$

λ ayant un développement analogue.

On trouve sans peine :

$$a_{23} = -\frac{21}{16}\,m - \frac{837}{128}\,m^2 \ldots\ldots, \qquad b_{23} = -\frac{21}{8}\,m - \frac{717}{64}\,m^2 \ldots\ldots :$$

$$a_{24} = \frac{21}{16}\,m + \frac{1113}{128}\,m^2 \ldots\ldots, \qquad b_{24} = \frac{21}{8}\,m + \frac{1233}{64}\,m^2 \ldots\ldots :$$

$$a_{25} = -\frac{33}{64}\,m^2 \ldots\ldots, \qquad b_{25} = -\frac{17}{32}\,m^2 \ldots\ldots :$$

$$a_{26} = \frac{231}{64}\,m^2 \ldots\ldots \qquad b_{26} = \frac{119}{32}\,m^2 \ldots\ldots ;$$

$$a_{27} = -\frac{15}{16}\,m - \frac{97}{128}\,m^2 \ldots\ldots, \qquad b_{27} = -\frac{15}{8}\,m - \frac{173}{64}\,m^2 \ldots\ldots :$$

$$a_{28} = \frac{15}{16}\,m + \frac{1269}{128}\,m^2 \ldots\ldots \qquad b_{28} = \frac{15}{8}\,m + \frac{1801}{64}\,m^2 \ldots\ldots$$

25. — **Termes en zee'.** — La solution correspondante est :

$$\rho = 2(1 - 2z)\,zee'\,a_{29}\cos(2N - G - m') + a_{30}\cos(G - m') + \ldots,$$
$$\lambda = 2(1 - 2z)\,zee'\,b_{29}\sin(2N - G - m') + b_{30}\sin(G - m') + \ldots.$$

L'équation (15) donne, pour déterminer le coefficient b_{30}, qui correspond à une inégalité à très longue période de la longitude, en tenant compte des propriétés de la fonction B et faisant quelques réductions :

$$2g_0 b_{30} - 6a_0 a_4 a_{17} + (1 - g_0) b_{17} \frac{3m^2}{16} + 10m^2 a_4 a_{17}$$

$$+ \frac{9m^4}{16} (-11 a_{17} - 4 b_{17}) = 0,$$

et l'on trouve :

$$a_{29} = \frac{5}{4} \dots \qquad b_{29} = \frac{25}{16} \dots ; \qquad a_{30} = 0.m \dots, \qquad b_{30} = \frac{25}{16} \dots$$

26. — **Termes en ee'^2.** — La solution correspondante est :

$$z = 2 ee'^2 . a_{31} \cos (N - G) + a_{32} \cos (N - 2N' + G)$$
$$+ a_{33} \cos (N + 2N' - G - 2m') + a_{34} \cos (N - 2N' - G + 2m')$$
$$+ a_{35} \cos (N + G - 2m') + a_{36} \cos (N - 2N' + G + 2m') + \dots],$$

z ayant un développement analogue.

Le coefficient b_{31} est nul d'après les conventions faites sur le choix des constantes ; sa détermination est remplacée par celle du terme en e'^2 dans $\frac{g}{n}$, soit $g_1 e'^2$.

La détermination du coefficient a_{35} mérite seule une mention spéciale ; on a, pour le calculer, la relation :

$$a_{35} + (1 + g_0)^2 [- a_{35} + 3a_0 a_{35} + 3a_1 a_{31} + 3a_5 a_{27} + 3a_6 a_4$$
$$+ 3a_{13} a_{17} + 3a_{12} a_{19}] + m^2 (- 2a_{35})$$
$$+ \frac{m^2}{4} \left(\frac{3}{2} + \frac{3}{4} \right) (- 2a_{19}) \left(4 - \frac{4m}{1 + g_0} \right)$$
$$+ \frac{m^2}{4} \cdot \frac{3}{2} (- 2a_{27}) \left(4 - \frac{2m}{1 + g_0} \right) + \frac{3}{8} m^2 \left(\frac{3}{2} - 2 \right) - 2a_{25} - 2b_{25}$$
$$+ b_3 (- 4a_{17} - 4b_{17}) \left(4 + \frac{4m - 2m}{1 + g_0} \right)$$
$$+ \frac{3}{8} m^2 - 2a_{35} - 2b_{35} + b_{12} (- 4a_{17} - 4b_{17}) \left(4 + \frac{4m}{1 + g_0} \right) = 0 ;$$

il vient ensuite :

$$g_1 = -\frac{9}{8} m^2 \ldots, \qquad a_{31} = -\frac{7}{16} m^2 \ldots ;$$

$$a_{32} = -\frac{75}{32} m \ldots \qquad b_{32} = -\frac{75}{16} m \ldots ;$$

$$a_{33} = -\frac{63}{64} m \ldots \qquad b_{33} = -\frac{63}{32} m \ldots ;$$

$$a_{34} = \frac{63}{64} m \ldots \qquad b_{34} = \frac{63}{32} m \ldots ;$$

$$a_{35} = -\frac{15}{64} m \ldots \qquad b_{35} = -\frac{15}{32} m \ldots ;$$

$$a_{36} = \frac{255}{64} m \ldots, \qquad b_{36} = \frac{255}{32} m \ldots$$

27. Termes en e^2. — La solution correspondante est de la forme

$$\rho = a e^2 \left[\frac{1}{2} a_{37} + a_{38} \cos 2 (N - N') + a_{39} \cos 2 (N - G) \right.$$
$$+ a_{40} \cos 2 (2N - N' - G) + a_{41} \cos 2 (N' - G)$$
$$\left. + a_{42} \cos 2 (N - 2N' + G) \ldots \right],$$

z ayant un développement analogue, manquant de terme constant, naturellement.

La formule (110) du chapitre précédent donne immédiatement, en prenant e pour le paramètre q, et cherchant les termes en e dans les deux membres :

$$a_{37} = 0 ;$$

cette égalité est rigoureuse, et subsiste même quand on tient compte de e' : c'est-à-dire que les termes constants de ρ qui contiennent en facteur $e^2 e'^{2h}$ sont tous nuls, quel que soit h : c'est une partie du premier théorème d'Adams.

Si χ_{37} est le coefficient de e^2 dans χ, on trouve immédiatement en conséquence :

$$\chi_{37} = -\frac{1}{2} - \frac{323}{384} m^2 \ldots$$

Pour le calcul du coefficient b_{41}, qui correspond à une inéga-

lité à longue période de la longitude, on a, par l'équation (15),
d'après les propriétés de la fonction B :

$$(1-g_0)b_{11} + 2(1-m)b_1 a^2_{17} + 2(1-g_0)b_{19}\left(\frac{3}{8}m^2\frac{1}{1-m}\right)$$
$$+ (1-g_0)b_{17}\left[2a_1 a_{17} + \frac{3}{8}m^2 - 2a_{17} - 2b_{17})\frac{1}{1-2m-g_0}\right.$$
$$\left. + a_{17}\frac{3}{8}m^2\frac{1}{2(1-m)}\right]$$
$$- 2a_1 a^2_{17} - 6a_{17}a_{19} + (1-g_0^2)a_{17}a_{19}$$
$$+ 10m^2 a_{17}a_{19} + \frac{3}{4}m^2 - 7a_{19} - 8b_{19} + 10a^2_{17} + 14a_{17}b_{17} + 8b^2_{17} = 0.$$

On trouve ainsi :

$$a_{18} = \frac{15}{8}m + \frac{189}{32}m^2\ldots \qquad b_{18} = \frac{75}{32}m + \frac{1101}{128}m^2\ldots;$$
$$a_{19} = \frac{1}{2} - \frac{5}{12}m^2 - \frac{75}{128}m^3\ldots \qquad b_{19} = \frac{5}{8} - \frac{7}{32}m^2\ldots;$$
$$a_{20} = -\frac{7}{4}m^2\ldots \qquad b_{20} = \frac{95}{64}m^2\ldots;$$
$$a_{21} = -\frac{15}{8}m^2\ldots \qquad b_{21} = -\frac{15}{32}m - \frac{55}{8}m^2\ldots;$$
$$a_{22} = \frac{125}{128}m^2\ldots \qquad b_{22} = \frac{1125}{512}m^2\ldots$$

28. **Termes en $e'^2 e$.** — La solution correspondante est :

$$\delta = 2e'^2 e\left[a_{13}\cos(N'-\varpi') + a_{14}\cos(2N-N'-\varpi')\right.$$
$$+ a_{15}\cos(2N-3N'+2\varpi') + a_{16}\cos(2N+N'-2G-\varpi')$$
$$+ a_{17}\cos(2N-N'-2G+\varpi') + a_{18}\cos(N'-2G+\varpi')$$
$$\left. + a_{19}\cos(3N'-2G-\varpi') + \ldots \right],$$

z ayant un développement analogue.
On obtient sans peine :

$$a_{13} = 0.m\ldots \qquad b_{13} = -\frac{27}{16}m\ldots;$$
$$a_{14} = -\frac{15}{8}m\ldots \qquad b_{14} = -\frac{75}{32}m\ldots;$$

$$a_{15} = \frac{15}{8}\,m\ldots \qquad\qquad b_{15} = -\frac{175}{32}\,m\ldots;$$

$$a_{16} = -\frac{21}{8}\,m\ldots \qquad\qquad b_{16} = -\frac{105}{32}\,m\ldots;$$

$$a_{17} = \frac{21}{8}\,m\ldots \qquad\qquad b_{17} = \frac{105}{32}\,m\ldots;$$

$$a_{18} = 0.m\ldots \qquad\qquad b_{18} = -\frac{15}{32}\,m\ldots;$$

$$a_{19} = 0.m\ldots \qquad\qquad b_{19} = -\frac{105}{32}\,m\ldots$$

Parmi les termes en $e^2 e'^2$, on peut signaler ceux qui correspondent à l'argument $2(G-\varpi')$ et qui sont à très longue période, mais l'on constatera facilement que l'inégalité correspondante de la longitude est de l'ordre de m.

29. Termes en e^3 et e^4. — La solution correspondante est

$$z = 2e^3\,[\,a_{30}\cos(N-G) + a_{31}\cos(3N-2N'-G)$$
$$+ a_{32}\cos(N-2N'+G) + a_{33}\cos 3(N-G)$$
$$+ a_{34}\cos(N+2N'-3G) + \ldots$$
$$+ 2e^4\left[\frac{a_{35}}{2} + a_{36}\cos 2(N-G) + a_{37}\cos 4(N-G) + \ldots\right].$$

z ayant un développement analogue manquant de terme constant.

Le coefficient b_{30} est égal à $-\dfrac{1}{8}$, d'après le choix des constantes ; mais l'une des équations relatives à la détermination de a_{30} et b_{30} permettra alors de calculer la partie de $\dfrac{g}{a}$ qui contient e^2 en facteur, soit $g_2 e^2$.

Relativement au calcul de a_{35}, remarquons que la relation (11) du chapitre précédent, où l'on prend e comme paramètre q, donne, en négligeant x et ψ :

$$\frac{\partial}{\partial e}\left(\frac{a}{r}\right)_0 = \sum \eta^2_p \frac{\partial z''_p}{\partial e}\,;\ \ (21)$$

en égalant les termes en e^3 dans les deux membres, on obtient

$$a_{35} = \frac{1}{16\,e^2}\sum \eta^2_p\,(1 + i'm + jg_0'\,jg_2,$$

les arguments ω_μ auxquels se rapportent les coefficients χ_μ, étant de la forme $iN + i'N' + jG$, j étant égal à ± 1, et la somme $i + i' + j$ ayant pour valeur l'unité; de plus, les coefficients χ_μ correspondants sont supposés réduits à leurs parties principales, c'est-à-dire qu'on y néglige les puissances de e supérieures à la première et les autres paramètres.

Donc, a_{25} est du second ordre par rapport à m, et l'on obtient facilement $\chi_{25} = -\frac{1}{8} + 0.\,m,\dots$, en appelant χ_{25} le coefficient de e^3 dans χ.

On trouve d'autre part :

$$g_2 = -\frac{5}{8}\,m^2 \dots\,; \qquad a_{30} = -\frac{1}{16} + 0.\,m\dots\,;$$

$$a_{31} = \frac{105}{128}\,m\dots \qquad b_{31} = \frac{195}{64}\,m\dots\,;$$

$$a_{32} = 0.\,m\dots \qquad b_{32} = 0.\,m\dots\,;$$

$$a_{33} = \frac{9}{16} + 0.\,m\dots \qquad b_{33} = \frac{13}{24} + 0.\,m\dots\,;$$

$$a_{34} = -\frac{105}{128}\,m\dots, \qquad b_{34} = -\frac{105}{64}\,m\dots\,;$$

$$a_{36} = -\frac{1}{6}\dots \qquad b_{36} = -\frac{11}{48}\dots\,;$$

$$a_{37} = -\frac{2}{3}\dots \qquad b_{37} = \frac{105}{192}\dots$$

30. Termes en γ, γz, $\gamma e'$,… — Si nous considérons l'ensemble des termes qui sont du premier degré par rapport à γ, indépendamment des autres paramètres, nous constatons immédiatement qu'ils concourent à la formation de l'unique coordonnée z, et nous pouvons écrire comme solution correspondante :

$$
\begin{aligned}
z = {} & a\gamma\big[\,c_1 \sin(N - \Pi) + c_2 \sin(3N - 2N' - \Pi) \\
& + c_3 \sin(N - 2N' + \Pi) + c_4 \sin(3N - 4N' + \Pi) + \dots \big] \\
& + 2(1 - 2\nu)\,a\gamma\big[\,c_5 \sin(2N - N' - \Pi) + c_6 \sin(N' - \Pi) + \dots \big] \\
& + a e'\gamma\big[\,c_7 \sin(N + N' - \Pi - \varpi') + c_8 \sin(N - N' - \Pi + \varpi') \\
& \quad + c_9 \sin(3N - N' - \Pi - \varpi') + c_{10} \sin(3N - 3N' - \Pi + \varpi') \\
& \quad + c_{11} \sin(N - N' + \Pi - \varpi') + c_{12} \sin(N - 3N' + \Pi + \varpi') + \dots \big] \\
& + 2(1 - 2\nu)\,a e'\gamma\big[\,c_{13} \sin(2N - \Pi - \varpi') + c_{14} \sin(\Pi - \varpi') + \dots \big]
\end{aligned}
$$

$$+ 2e'^2\gamma\,[\,c_{15}\sin(N-H) + c_{16}\sin(N-2N'+H)$$
$$+ c_{17}\sin(N+2N'-H-2\varpi') + c_{18}\sin(N-2N'-H+2\varpi')$$
$$+ c_{19}\sin(N+H-2\varpi') + c_{20}\sin(N-4N'+H+2\varpi') + \ldots\,]$$
$$+ 2e\gamma\,[\,c_{21}\sin(2N-G-H) + c_{22}\sin(G-H)$$
$$+ c_{23}\sin(4N-2N'-G-H) + c_{24}\sin(2N-2N'+G-H)$$
$$+ c_{25}\sin(2N-2N'-G+H) + c_{26}\sin(2N'-G-H)$$
$$+ c_{27}\sin(2N-4N'+G+H) + \ldots$$
$$+ 2ee'\gamma\,[\,c_{28}\sin(2N+N'-G-H-\varpi')$$
$$+ c_{29}\sin(2N-N'-G-H+\varpi')$$
$$+ c_{30}\sin(N'+G-H-\varpi') + c_{31}\sin(N'-G+H-\varpi')$$
$$+ c_{32}\sin(2N-N'+G-H-\varpi') + c_{33}\sin(2N-3N'+G-H+\varpi')$$
$$+ c_{34}\sin(2N-N'-G+H-\varpi') + c_{35}\sin(2N-3N'-G+H+\varpi')$$
$$+ c_{36}\sin(N'-G-H+\varpi') + c_{37}\sin(3N'-G-H-\varpi') + \ldots\,]$$
$$+ 2e^2\gamma\,[\,c_{38}\sin(N-H) + c_{39}\sin(3N-2N'-H) + c_{40}\sin(N-2N'+H)$$
$$+ c_{41}\sin(3N-2G-H) + c_{42}\sin(N-2G+H)$$
$$+ c_{43}\sin(N-2N'+2G-H) + c_{44}\sin(3N-2N'-2G+H)$$
$$+ c_{45}\sin(N+2N'-2G-H) + \ldots\,]$$
$$+ 2e^3\gamma\,[\,c_{46}\sin(2N-G-H) + c_{47}\sin(G-H)$$
$$+ c_{48}\sin(4N-3G-H) + c_{49}\sin(2N-3G+H) + \ldots\,]$$
$$+ \ldots\ldots\ldots$$

L'expression de la latitude s sera de la même forme, mais les coefficients c_i seront remplacés par d_i; d'ailleurs, d'après les conventions faites sur le choix des constantes, on aura

$$d_1 = 0, \quad d_{13} = 0, \quad d_{38} = -1.$$

et l'on pourra déterminer, au lieu de ces coefficients, la partie h_0 de $\dfrac{h}{n}$ qui est indépendante des paramètres, et les coefficients h_1 et h_2 de e'^2 et e^2 dans $\dfrac{h}{n}$.

Le calcul des coefficients c_i et d_i à l'aide de la quatrième équation (13) et de l'équation (14) ne présente aucune difficulté; nous écrirons seulement les équations qui déterminent h_0, h_1, h_2 et les inconnues qui correspondent aux arguments dans lesquels le coefficient de nt ne diffère de l'unité que par une quantité du second ordre par rapport à m.

On a ainsi :

$$-(1-h_0)^2 c_1 + (1 + 3a_0 + 3a_0^2 + 6a_1^2) c_1 + 3a_1 (c_2 - c_3) + m^2 c_1 = 0,$$
$$1 = (1 + a_0) c_1 - a_1 c_3 ;$$
$$2h_1 (1 - h_0) c_1 - (1 - h_0)^2 c_{15} + (1 + 3a_0) c_{13} + 3a_{16} c_1$$
$$+ m^2 \left(c_{15} + \frac{3}{2} c_1 \right) = 0,$$
$$0 = c_{13} + a_{16} c_1 ;$$
$$2h_2 (1 - h_0) c_1 - (1 - h_0)^2 c_{24} + (1 + 3a_0) c_{23} + 3a_{19} (c_{21} + c_{20})$$
$$+ 3a_{17} (1 + 2a_0) (c_{21} + c_{22}) - (3a_{18} + 6a_1 a_{19}) c_3$$
$$+ [6a_{17}^2 (1 + a_0) + 6a_{19}^2] c_1 + m^2 c_{24} = 0,$$
$$-1 = c_{23} + a_{17} (c_{21} + c_{22}) ;$$
$$-(1 + h_0)^2 c_{10} + (1 + 3a_0) c_{12} - 3a_1 c_{18} + 3a_2 c_{11} - 3a_6 c_8$$
$$+ 3a_{14} c_5 - 3a_{13} c_1 + m^2 \left[c_{10} + \frac{3}{2} c_{11} + \left(\frac{3}{2} + \frac{1}{4} \right) c_1 \right] = 0,$$
$$d_{19} = c_{10} ;$$
$$-(1 - 2g_0 + h_0)^2 c_{12} + (1 + 3a_0) c_{32} + 3a_1 (c_{11} - c_{13})$$
$$+ (3a_{19} + 6a_1 a_{17}) c_{25} - (3a_{18} + 6a_1 a_{17}) c_{24}$$
$$- 3a_{17} (1 + 2a_0 + 6a_1 a_{19}) c_{22}$$
$$+ (3a_{21} + 6a_1 a_{19} + 6a_{17} a_{19} + 3a_1 a_{17}^2) c_3$$
$$- [3a_{20} (1 + 2a_0) + 3a_{17}^2 (1 + a_0) + 6a_{18} a_{19} + 6a_1 a_{17} a_{19}] c_1$$
$$+ m^2 c_{32} = 0,$$
$$d_{12} = c_{32} - a_{17} c_{22} - a_{20} c_1 .$$

On obtient finalement :

$$h_0 = -\frac{3}{4} m^2 + \frac{9}{32} m^3 + \frac{273}{128} m^4 \ldots \; ; \quad c_1 = 1 - \frac{m^2}{6} + \frac{3}{16} m^3 \ldots ;$$

$$c_2 = \frac{3}{16} m^2 + \frac{7}{8} m^3 \ldots , \qquad d_2 = \frac{11}{16} m^2 + \frac{59}{24} m^3 \ldots \; ;$$

$$c_3 = \frac{3}{8} m + \frac{11}{32} m^2 + \frac{5293}{1536} m^3 \ldots , \qquad d_3 = \frac{3}{8} m + \frac{25}{32} m^2$$
$$+ \frac{2957}{1536} m^3 \ldots ;$$

$$c_4 = \frac{9}{128} m^3 \ldots \ldots \qquad d_4 = \frac{33}{128} m^3 \ldots ;$$

$$c_5 = -\frac{15}{32} m \ldots , \qquad d_5 = -\frac{15}{16} m \ldots ;$$

$$c_6 = \frac{45}{32} m \ldots \qquad d_6 = \frac{15}{16} m \ldots ;$$

$$c_7 = -\frac{3}{8} m - \frac{21}{64} m^2 \ldots \qquad d_7 = -\frac{3}{8} m - \frac{69}{64} m^2 \ldots ;$$

$$c_8 = \frac{3}{8} m + \frac{57}{64} m^2 \ldots \qquad d_8 = \frac{3}{8} m + \frac{9}{64} m^2 \ldots ;$$

$$c_9 = -\frac{3}{32} m^2 \ldots, \qquad d_9 = -\frac{11}{32} m^2 \ldots ;$$

$$c_{10} = \frac{21}{32} m^2 \ldots \qquad d_{10} = \frac{77}{32} m^2 \ldots :$$

$$c_{11} = -\frac{3}{8} m - \frac{131}{64} m^2 \ldots, \quad d_{11} = -\frac{3}{8} m - \frac{115}{64} m^2 \ldots ;$$

$$c_{12} = \frac{7}{8} m + \frac{367}{64} m^2 \ldots, \qquad d_{12} = \frac{7}{8} m + \frac{255}{64} m^2 \ldots ;$$

$$c_{13} = \frac{5}{8} \ldots \ldots, \qquad d_{13} = \frac{5}{4} \ldots \ldots :$$

$$c_{14} = \frac{15}{8} \ldots \ldots, \qquad d_{14} = \frac{5}{4} \ldots \ldots ;$$

$$c_{15} = -\frac{1}{4} m^2 \ldots, \qquad h_1 = -\frac{9}{8} m^2 \ldots ;$$

$$c_{16} = -\frac{15}{16} m \ldots, \qquad d_{16} = -\frac{15}{16} m \ldots ;$$

$$c_{17} = -\frac{9}{32} m \ldots \qquad d_{17} = -\frac{9}{32} m \ldots ;$$

$$c_{18} = \frac{9}{32} m \ldots, \qquad d_{18} = \frac{9}{32} m \ldots ;$$

$$c_{19} = -\frac{9}{32} m \ldots, \qquad d_{19} = -\frac{9}{32} m \ldots ;$$

$$c_{20} = \frac{51}{32} m \ldots, \qquad d_{20} = \frac{51}{32} m \ldots ;$$

$$c_{21} = \frac{1}{2} + \frac{1}{24} m^2 \ldots, \qquad d_{21} = 1 - \frac{1}{4} m^2 \ldots ;$$

$$c_{22} = -\frac{3}{2} + \frac{503}{128} m^2 + \frac{1269}{128} m^3 \ldots, \quad d_{22} = -1 + \frac{189}{64} m^2 \ldots ;$$

$$c_{23} = \frac{3}{8} m^2 \ldots, \qquad d_{23} = \frac{7}{4} m^2 \ldots ;$$

$$c_{24} = \frac{15}{16} m + \frac{337}{64} m^2 \ldots, \quad d_{24} = \frac{15}{18} m + \frac{241}{32} m^2 \ldots ;$$

$$c_{25} = \frac{3}{16} m + \frac{25}{64} m^2 \ldots \qquad d_{25} = \frac{3}{8} m + \frac{23}{12} m^2 \ldots :$$

$$c_{26} = -\frac{9}{4} m - \frac{291}{32} m^2 \ldots \qquad d_{26} = -\frac{3}{2} m - \frac{105}{16} m^2 \ldots :$$

$$c_{27} = \frac{45}{128} m^2 \ldots \qquad d_{27} = \frac{45}{64} m^2 \ldots :$$

$$c_{28} = -\frac{3}{2} m \ldots \qquad d_{28} = -3m \ldots :$$

$$c_{29} = \frac{3}{2} m \ldots \qquad d_{29} = 3m \ldots :$$

$$c_{30} = -\frac{27}{8} m \ldots \qquad d_{30} = -\frac{9}{4} m \ldots :$$

$$c_{31} = -\frac{27}{8} m \ldots \qquad d_{31} = -\frac{9}{4} m \ldots :$$

$$c_{32} = -\frac{15}{16} m \ldots \qquad d_{32} = -\frac{15}{8} m \ldots :$$

$$c_{33} = \frac{35}{16} m \ldots , \qquad d_{33} = \frac{15}{8} m \ldots :$$

$$c_{34} = -\frac{5}{16} m \ldots , \qquad d_{34} = -\frac{5}{8} m \ldots :$$

$$c_{35} = -\frac{7}{16} m \ldots , \qquad d_{35} = \frac{7}{8} m \ldots ;$$

$$c_{36} = \frac{9}{4} m \ldots \qquad d_{36} = \frac{3}{2} m \ldots :$$

$$c_{37} = -\frac{21}{4} m \ldots , \qquad d_{37} = -\frac{7}{2} m \ldots ;$$

$$c_{38} = -\frac{1}{4} + \mathrm{o}.m \ldots \qquad h_{2} = -\frac{3}{4} m^2 \ldots ;$$

$$c_{39} = \frac{45}{32} m \ldots \qquad d_{39} = \frac{135}{32} m \ldots :$$

$$c_{40} = \frac{3}{32} m \ldots \qquad d_{40} = \frac{27}{32} m \ldots :$$

$$c_{41} = \frac{3}{8} + \mathrm{o}.m \ldots \qquad d_{41} = \frac{9}{8} + \mathrm{o}.m \ldots :$$

$$c_{42} = \frac{1}{2} - \frac{135}{64} m \ldots \qquad d_{42} = \frac{3}{4} - \frac{135}{64} m \ldots :$$

$$c_{43} = \frac{45}{64} m \ldots , \qquad d_{43} = -\frac{15}{64} m \ldots :$$

$$c_{44} = -\frac{9}{64}\,m\dots \qquad\qquad d_{44} = \frac{27}{64}\,m\dots :$$

$$c_{45} = -\frac{93}{64}\,m\dots \qquad\qquad d_{45} = -\frac{117}{64}\,m\dots :$$

$$c_{46} = -\frac{3}{8}\dots \qquad\qquad d_{46} = -\frac{5}{4}\dots :$$

$$c_{47} = \frac{15}{16}\dots \qquad\qquad d_{47} = \frac{5}{8}\dots :$$

$$c_{48} = \frac{1}{3}\dots , \qquad\qquad d_{48} = \frac{1}{3}\dots :$$

$$c_{49} = -\frac{13}{18}\dots \qquad\qquad d_{49} = -\frac{17}{24}\dots$$

31. Termes en $\gamma^2,\ \gamma^2 e',\ \gamma^2 e,\ \gamma^2 e^2$. — Il n'y a de tels termes que dans la parallaxe et la longitude. La solution correspondante est de la forme :

$$
\begin{aligned}
\rho = {}& 2\gamma^2 \left[\frac{1}{2} a_{58} + a_{59} \cos 2(N - N') + a_{60} \cos 2(N - \Pi) \right.\\
&\qquad + a_{61} \cos 2(2N - N' - \Pi) + a_{62} \cos 2(N' - \Pi)\\
&\qquad\qquad \left. + a_{63} \cos(2N - 3N' - 2\Pi) + \dots\dots \right]\\
&+ 2e'\gamma^2\ a_{64} \cos(N' - \varpi') + a_{65} \cos(2N - N' - \varpi')\\
&\qquad + a_{66} \cos(2N - 3N' + \varpi') + a_{67} \cos(2N + N' - 2\Pi - \varpi')\\
&\qquad + a_{68} \cos(2N - N' - 2\Pi + \varpi') + a_{69} \cos(N' - 2\Pi + \varpi')\\
&\qquad\qquad + a_{70} \cos(3N' - 2\Pi - \varpi') + \dots\dots\\
&+ 2e\gamma^2\ a_{71} \cos(N - G) + a_{72} \cos(3N - 2N' - G)\\
&\qquad + a_{73} \cos(N - 2N' + G) + a_{74} \cos(3N - G - 2\Pi)\\
&\qquad + a_{75} \cos(N + G - 2\Pi) + a_{76} \cos(N - 2N' - G + 2\Pi)\\
&\qquad + a_{77} \cos(3N - 2N' + G - 2\Pi) + a_{78} \cos(N + 2N' - G - 2\Pi)\\
&\qquad\qquad\qquad + \dots\dots\\
&+ 2e^2\gamma^2 \left[\frac{a_{79}}{2} + a_{80} \cos 2(N - G) + a_{81} \cos 2(N - \Pi) \right.\\
&\qquad \left. + a_{82} \cos 2(2N - G - \Pi) + a_{83} \cos 2(G - \Pi) + \dots \right]\\
&+ \dots\dots
\end{aligned}
$$

λ ayant un développement analogue, sans terme constant.

D'après le choix des constantes, on a d'ailleurs $b_{71} = 0$, et ceci permettra de déterminer le coefficient de γ^2 dans $\frac{g}{n}$, soit g_{31}.

Employons la formule (11) du chapitre précédent : on voit d'abord comme au n° 27, en prenant γ pour le paramètre q, que le coefficient a_{28} est rigoureusement nul ; il en serait de même des coefficients des termes de la forme $\gamma^2 e^{2h}$, dans la partie constante de ϱ, quel que soit h. Ceci complète le premier théorème d'Adams.

Si χ_{38} est le coefficient de γ^2 dans χ, on obtient immédiatement alors :

$$\chi_{38} = -2 + \frac{37}{96}\, m^2 \ldots$$

On obtient ensuite, comme au n° 29, en prenant successivement γ et e comme paramètres q, les deux relations

$$a_{79} = \frac{2}{3e^2} \sum \gamma_p^2 \,(i + i'm + jg_0)\, jg_0$$
$$= \frac{2}{3\gamma^2} \sum \zeta_p^2 \,(i + i'm + kh_0)\, kh_2 :$$

dans la première, les arguments ω_p'' et les coefficients γ_p correspondants sont compris comme au n° 29 ; dans la deuxième les arguments ω_p' sont de la forme $iN + i'N' + kH$, k étant égal à ± 1, et les coefficients ζ_p correspondants sont réduits à leurs parties principales, c'est-à-dire qu'on y néglige les puissances de γ supérieures à la première et les autres paramètres.

Le coefficient a_{79} est donc du second ordre par rapport à m ; si χ_{79} est le coefficient de $e^2\gamma^2$ dans χ, on trouve alors :

$$\chi_{79} = 1 + 0.m \ldots$$

Le calcul des inconnues n'offre pas de difficultés spéciales ; nous transcrirons seulement les équations relatives aux coefficients des inégalités à longue ou très longue période de la longitude, et au coefficient a_{73} de la parallaxe, parce que l'argument correspondant est égal à N augmenté d'un argument à très longue période.

On a :

$$4(m - h_0)\, b_{82} + 2(1 - m)\, b_1 c_1 d_1 + 2(1 - h_0)\, b_{60}\left[\frac{3}{8}\, m^2 - \frac{2}{2(1 - m)}\right]$$
$$- a_1 d_1^2 (1 - h_0)^2 + 1 + 2 d_1 d_3 (1 - h_0)(1 - 2m + h_0 - 1]$$

$$+ \frac{m^2}{2} - 18\, c_1 c_3 - 3\,(c_1 d_3 + c_3 d_1)] + \frac{3m^2}{4}\,(- 8 b_{60} + 3 c_1^2 + c_1 d_1)$$
$$= 0;$$

$$2\, m b_{61} + m b_3\,(- 2 c_1 d_1 + \chi_{58}) + 2\, d_1 d_7\,(1 - h_0)\,(1 + m - h_0) - 1$$
$$+ 2\, d_1 d_8\,(1 - h_0)\,(1 - m - h_0) - 1 + \frac{3}{2}\, m^2 \left(\frac{3}{2}\right)\,(- 6 c_1^2)$$
$$+ \frac{m^2}{2} \left(\frac{3}{2}\right)\,(- 6 c_1 d_1) = 0;$$

$$2\,(m - 2 h_0)\, b_{69} + (2 - m)\, b_6 c_1 d_1$$
$$+ 2\,(1 - h_0)\, b_{69} \left[\frac{3}{8}\, m^2 \left(\frac{3}{2} - 2\right) \frac{2}{2 - m}\right]$$
$$- a_6 d_1^2\,(1 - h_0)^2 + 1 + 2\, d_1 d_{11}\,(1 - h_0)\,(1 - m + h_0) - 1]$$
$$+ \frac{3 m^2}{4} \left(\frac{3}{2} - 2\right)\,(- 8 b_{60} + 3 c_1^2 + c_1 d_1) = 0;$$

$$2\,(3 m - 2 h_0)\, b_{70} + (2 - 3 m)\, b_7 c_1 d_1$$
$$+ 2\,(1 - h_0)\, b_{60} \left[\frac{3}{8}\, m^2 \left(\frac{3}{2} + 2\right) \frac{2}{2 - 3 m}\right] - a_7 d_1^2\,(1 - h_0)^2 + 1$$
$$+ 2\, d_1 d_{12}\,(1 - h_0)\,(1 - 3 m + h_0) - 1$$
$$+ \frac{3 m^2}{4} \left(\frac{3}{2} + 2\right)\,(- 8 b_{60} + 3 c_1^2 + c_1 d_1) = 0;$$

$$a_{75} + (1 + g_0 - 2 h_0)^2 - a_{75} + 3\, a_{17} a_{60} + 3 a_{19} a_{62} + 3 a_1 a_{76}$$
$$+ m^2\,(- 2 a_{75} + 6 c_1 c_{22})$$
$$+ \frac{3}{8}\, m^2 - 2 a_{76} - 2 b_{76} + 4 b_{62}\,(a_{17} + b_{17}) + 4 c_1 c_3 b_{17}$$
$$- 2 c_1 c_{25} - 2 c_3 c_{22} \left[4 + \frac{4 m}{1 + g_0 - 2 h_0}\right]$$
$$+ \frac{3}{8}\, m^2 - 2 h_{77} + 4 b_{60}\,(a_{19} + b_{19}) - 2 b_{19} c_1^2$$
$$+ 2 c_1 c_{25} \left(4 - \frac{4 m}{1 + g_0 - 2 h_0}\right) = 0;$$

$$4\,(g_0 - h_0)\, b_{83} + 2\,(1 - g_0)\, b_{39} c_1 d_1 + 2\,(1 - h_0)\, b_{60} a_{17}^2\,(1 - 3 a_0)$$
$$+ (1 - g_0)\, b_{17} \left[2 a_{17} a_{60} - \frac{3}{8}\, m^2\,(- 2 b_{60} + c_1^2) \frac{2}{2\,(m - h_0)}\, a_{19}\right.$$
$$\left. + c_1 d_{22} + c_{22} d_1 - c_3 d_{25} - c_{25} d_3 \right]$$
$$+ (1 - 2 m + g_0)\, b_{19} \left[- \frac{3}{8}\, m^2\,(- 2 b_{60} + c_1^2) \frac{2}{2\,(m - h_0)}\, a_{17}\right.$$
$$\left. - c_1 d_{25} - c_{25} d_1 - c_3 d_{22} - c_{22} d_3 \right] - 6 a_0 a_{17} a_{75} - 3 a_{17}^2 a_{60}$$

$$- c d_1 d_{12} \ldots - h_0 \left(1 - g_0 + h_0 \right) - 1$$
$$- c d_{21} \ldots - a_0 \left(g_0 - h_0 \right) + 1$$
$$- c d_{12} d_{20} \ldots - m + g_0 - h_0 \ldots - m - g_0 + h_0 - 1$$
$$- c d_{12} d_{22} a_{61} \ldots - m \left(1 - h_0 \right) g_0 - h_0 + 1$$
$$- c d d_{21} a_{12} \ldots - m + h_0 \ldots - m + g_0 - h_0 - 1$$
$$- d_1^2 a_{60} \ldots - a_0 \left(1 - h_0^2 \right) + 1 + d_1^2 a_{62} \left(1 - 3 a_0 \right) \left(1 - h_0^2 \right) + 1$$
$$- c d_1 d_{21} a_{10} \ldots + h_0 \ldots - m - g_0 + h_0 - 1$$
$$- c d d_{21} a_{19} \ldots - m + h_0 \left(g_0 - h_0 \right) - 1$$
$$- \frac{m^2}{2} m a_{12} a_{13} + 9 c_{22} - 18 c_1 c_{12} + 3 c_{12} d_{22} - 3 c_1 d_{12}$$
$$- 3 c_{12} d_1 = 0.$$

Il en résulte :

$$a_{57} = \ m^2 \ \ldots\ldots \qquad\qquad b_{58} = -\frac{1}{8} m - \frac{17}{12} m^2 \ \ldots\ldots\ ;$$

$$a_{60} = m^2 - \frac{1}{2} m^3 \ \ldots\ldots \qquad\qquad b_{60} = -\frac{1}{2} + \frac{11}{8} m^2 \ \ldots\ldots\ :$$

$$a_{61} = -\ 0,m^2 \ \ldots\ldots \qquad\qquad b_{61} = -\frac{11}{16} m^2 \ \ldots\ldots\ :$$

$$a_{62} = -\frac{3}{2} m^2 \ \ldots\ldots \qquad\qquad b_{62} = -\frac{9}{8} m + \frac{11}{4} m^2 \ \ldots\ldots\ :$$

$$a_{63} = 0,m^2 \ \ldots\ldots \qquad\qquad b_{63} = -\frac{9}{128} m^2 \ \ldots\ldots\ :$$

$$a_{64} = 0,m \ \ldots\ldots \qquad\qquad b_{64} = \frac{27}{4} m \ \ldots\ldots\ ;$$

$$a_{65} = 0,m \ \ldots\ldots \qquad\qquad b_{65} = \frac{1}{8} m \ \ldots\ldots\ :$$

$$a_{66} = 0,m \ \ldots\ldots \qquad\qquad b_{66} = -\frac{7}{8} m \ \ldots\ldots\ :$$

$$a_{67} = 0,m \ \ldots\ldots \qquad\qquad b_{67} = \frac{3}{8} m \ \ldots\ldots\ :$$

$$a_{68} = 0,m \ \ldots\ldots \qquad\qquad b_{68} = -\frac{1}{8} m \ \ldots\ldots\ :$$

$$a_{69} = 0,m \ \ldots\ldots \qquad\qquad b_{69} = \frac{9}{8} m \ \ldots\ldots\ :$$

$$a_{70} = 0,m \ \ldots\ldots \qquad\qquad b_{70} = -\frac{21}{8} m \ \ldots\ldots\ ;$$

$$a_{71} = 0,m \ \ldots\ldots \qquad\qquad b_{71} = -6 m^2 \ \ldots\ldots\ :$$

$$a_{72} = 0,m \ \ldots\ldots \qquad\qquad b_{72} = -\frac{1}{4} m \ \ldots\ldots\ ;$$

$$a_{73} = -\frac{15}{8}\,m \ \ldots\ldots \qquad\qquad b_{73} = -3m \ \ldots\ldots :$$

$$a_{74} = o.m \ \ldots\ldots \qquad\qquad b_{74} = -1 + o.m \ \ldots\ldots$$

$$a_{75} = -\frac{5}{4} + \frac{135}{32}\,m \ \ldots\ldots \qquad\qquad b_{75} = -\frac{3}{2} + \frac{135}{16}\,m \ \ldots\ldots :$$

$$a_{76} = -\frac{33}{32}\,m \ \ldots\ldots \qquad\qquad b_{76} = -\frac{33}{16}\,m \ \ldots\ldots :$$

$$a_{77} = o.m \ \ldots\ldots \qquad\qquad b_{77} = -\frac{15}{8}\,m \ \ldots\ldots :$$

$$a_{78} = -\frac{21}{16}\,m \ \ldots\ldots \qquad\qquad b_{78} = -\frac{5}{4}\,m \ \ldots\ldots :$$

$$a_{80} = o.m \ \ldots\ldots \qquad\qquad b_{80} = -\frac{5}{8} \ \ldots\ldots :$$

$$a_{81} = -\frac{5}{2} \ \ldots\ldots \qquad\qquad b_{81} = -\frac{9}{8} \ \ldots\ldots :$$

$$a_{82} = o.m \ \ldots\ldots \qquad\qquad b_{82} = -\frac{13}{8} \ \ldots\ldots :$$

$$a_{83} = o.m \ \ldots\ldots \qquad\qquad b_{83} = \frac{1}{4} \ \ldots\ldots$$

Le coefficient b_{83}, comme on l'a vu suffisamment, est, de tous ceux que nous avons rencontrés, celui dont la détermination est la plus délicate.

32. **Termes en** γ'^3 **et** $e\gamma'^3$. — La solution correspondante est :

$$\zeta = 2\gamma'^3\,\big[c_{30}\sin(N - H) + c_{31}\sin(3N - 2N' - H)$$
$$+ c_{32}\sin(N - 2N' + H) + c_{33}\sin 3(N - H)$$
$$+ c_{34}\sin(N + 2N' - 3H) + \ldots\big]$$
$$+ 2e\gamma'^3\,\big[c_{35}\sin(2N - G - H) + c_{36}\sin(G - H)$$
$$+ c_{37}\sin(3N - G - 3H) + c_{38}\sin(2N + G - 3H) + \ldots\big],$$

la latitude s ayant un développement analogue.

D'après le choix des constantes, on a d'ailleurs $d_{30} = o$, et ce fait permettra de calculer le coefficient de γ'^3 dans $\dfrac{h}{n}$, soit h_3.

On trouve :

$$h_3 = \frac{1}{2}\,m^2 \ \ldots\ldots \qquad\qquad c_{30} = -\frac{1}{2} + o.m \ \ldots\ldots ;$$

$$c_{51} = \text{o.}m \ldots\ldots \qquad\qquad d_{51} = -\frac{3}{16}\, m \ldots\ldots :$$

$$c_{52} = \frac{3}{16}\, m \ldots\ldots \qquad\qquad d_{52} = \frac{9}{16}\, m \ldots\ldots :$$

$$c_{53} = \text{o.}m \ldots\ldots \qquad\qquad d_{53} = -\frac{1}{6} + \text{o.}m \ldots\ldots :$$

$$c_{54} = -\frac{9}{8}\, m \ldots\ldots, \qquad\qquad d_{54} = -\frac{15}{16}\, m \ldots\ldots :$$

$$c_{55} = -\frac{1}{4} \ldots\ldots \qquad\qquad d_{55} = \text{o} + \ldots\ldots :$$

$$c_{56} = -1 \ldots\ldots \qquad\qquad d_{56} = -\frac{5}{2} \ldots\ldots :$$

$$c_{57} = \text{o} + \ldots\ldots \qquad\qquad d_{57} = -\frac{1}{2} \ldots\ldots :$$

$$c_{58} = -\frac{5}{4} \ldots\ldots \qquad . \qquad d_{58} = -2 \ldots\ldots$$

33. Termes en γ^4. — La solution correspondante est

$$\rho = 2\gamma^4 \left(\frac{1}{2}\, a_{84} + a_{85} \cos 2\,(N - H) + a_{86} \cos 4\,(N - H) + \ldots \right).$$

$$\lambda = 2\gamma^4 \left(b_{85} \sin 2\,(N - H) + b_{86} \sin 4\,(N - H) + \ldots \right).$$

La formule (11) du chapitre précédent donnera facilement, comme aux n⁰ˢ 29 et 31

$$a_{84} = \frac{1}{3\gamma^2} \sum \zeta_\mu^2 (i + i'm + kh_0)\, kh_3,$$

les arguments ω'_μ auxquels correspondent les coefficients ζ_μ étant choisis comme on a déjà dit plus haut, et ces coefficients ζ_μ étant eux-mêmes réduits à leurs parties principales.

Le coefficient a_{84} est donc du second ordre par rapport à m; si χ_{84} est le coefficient de γ^4 dans χ, on trouve alors

$$\chi_{84} = \text{o.}m + \ldots$$

Remarquons que les égalités que nous avons obtenues pour

la détermination de a_{55}, a_{79} et a_{81} permettent d'écrire

$$\frac{2a_{55}}{a_{79}} = \frac{g_2}{g_3}, \quad \frac{a_{79}}{2a_{81}} = \frac{h_2}{h_3} \; ;$$

ces propositions très intéressantes, qui restent vraies même quand on tient compte de c' ainsi que nous l'avons déjà expliqué dans un cas analogue, constituent le deuxième théorème d'Adams.

On obtient ensuite :

$$a_{85} = 0.m\ldots \quad b_{85} = -\frac{1}{2}\ldots ;$$

$$a_{86} = 0.m\ldots, \quad b_{86} = \frac{1}{4}\ldots$$

34. — Les calculs que nous venons d'indiquer fournissent avec une approximation déjà assez grande, les valeurs des coordonnées de la Lune ; ils suffisent en tous cas pour montrer le genre de difficultés que l'on rencontre et comment on peut les surmonter.

Mais si l'on veut avoir des développements dont la précision soit au moins égale à celle des observations, il faut pousser les calculs beaucoup plus loin, et il n'est pas difficile de comprendre que leur complication augmentera rapidement. Bien entendu, si l'on entreprend un pareil travail, il faudra, sans avoir rien à changer aux équations fondamentales, adopter des dispositions méthodiques qui permettront d'éviter les erreurs et de réduire les calculs au minimum : mais ce n'est pas ici le lieu de décrire de telles dispositions. Afin de donner une idée de la complication croissante des calculs, à mesure que l'on pousse l'approximation plus loin, nous transcrivons la valeur du coefficient b_{11} de $\sin(2N' - 2G)$ dans la longitude, calculée jusqu'au septième ordre. On trouve :

$$b_{11} = -\frac{15}{2^5}\, m - \frac{53}{2^3}\, m^2 - \frac{263089}{2^{11}.3}\, m^3 - \frac{7700107}{2^{12}.3^2}\, m^4$$

$$- \frac{193216363}{2^{16}.3^3}\, m^5 - \frac{30670761217}{2^{16}.3^4}\, m^6 - \frac{3216277205756813}{2^{23}.3^9.5}\, m^7 \ldots .$$

et l'on voit par cet exemple avec quelle rapidité croissent les termes des fractions ordinaires qui forment les coefficients des différentes puissances de m. Il en est de même dans tous les cas analogues, et l'on conçoit sans peine qu'il soit presque impossible de ne pas commettre d'erreurs dans une pareille suite de calculs, à moins d'employer des moyens de vérification rigoureux.

Les théories de la Lune dues à G. de Pontécoulant (*Théorie analytique du système du Monde*, t. IV, 1846) et à Delaunay (*Mémoires de l'Académie des sciences de Paris*, t. XXVIII et XXIX, 1860 et 1867) fournissent finalement les expressions des coordonnées de la Lune, développées analytiquement, précisément comme nous l'avons fait dans ce qui précède. La méthode suivie par de Pontécoulant est précisément celle que nous avons adoptée ci-dessus, à de très petites modifications près : celle de Delaunay est tout à fait différente ; elle lui est propre et a gardé son nom : elle est fondée sur l'emploi continu de la méthode de la variation des constantes canoniques, et il nous serait impossible de l'exposer convenablement ici.

Le choix de constantes que nous avons fait est précisément celui de Delaunay, de sorte que les résultats que nous avons trouvés sont directement comparables à ceux de Delaunay ; il suffit de remarquer que les arguments D, l, l', F de Delaunay ont les valeurs $N - N'$, $N - G$, $N' - \varpi'$, $N - H$.

Les calculs de Delaunay sont poussés plus loin que ceux de G. de Pontécoulant : ils fournissent le développement des coordonnées de la Lune jusqu'aux quantités du septième ordre inclusivement par rapport aux paramètres m, e, γ, e', $\sqrt{\bar{z}}$ considérés comme du premier ordre. De plus, Delaunay a continué le calcul de certaines inégalités de la longitude jusqu'au huitième ou même au neuvième ordre, afin d'obtenir plus de précision. Malheureusement il semble que tous les termes complémentaires qu'il a ainsi calculés au-delà du septième ordre soient entachés de légères inexactitudes, de peu d'importance pratique en général, mais qui déparent la beauté de son œuvre. J'en ai fait la preuve, et j'ai calculé les corrections à apporter aux nombres de Delaunay, pour tous les termes qui ne dépendent que de m et ceux qui contiennent en facteur e, e' ou e^2. (*Annales de la Faculté des Sciences de Toulouse*, VI et VII ; *Bulletin Astronomique*, mai 1901.) La valeur que j'ai obtenue pour le coefficient g_0 a été vérifiée ultérieurement d'une façon tout à fait indépendante par M. G.-W. Hill (*Annals of Mathematics*, IX).

35. — L'examen de la valeur de b_{11} rapportée ci-dessus nous montre immédiatement pourquoi l'on est obligé de pousser les calculs très loin, si l'on veut obtenir une précision suffisante. Cette série en m est très lentement convergente ; chaque coefficient est environ cinq fois plus grand que le précédent, et par suite, une fois qu'on a remplacé m par sa valeur, $\left(\frac{1}{13} \text{ environ} \right)$, on se trouve en présence d'une suite de termes qui sont à peu près ceux d'une progression géométrique de raison 0,5, de sorte que le rapport du dernier terme écrit au premier est environ 0,004. Or le premier terme, multiplié par $2e^2$, comme il convient et réduit en secondes d'arc, vaut $130'',7858$, en adoptant les mêmes valeurs de e et de m que Delaunay ; le dernier terme vaut donc environ $0'',5$ et l'on voit qu'on n'a pas encore obtenu une précision suffisante. On peut essayer de remédier à cet inconvénient, comme l'a fait Delaunay, en considérant la loi de succession des termes dans chaque série analogue à b_{11}, et évaluant empiriquement la somme des termes non calculés comme la somme des termes d'une progression géométrique décroissante indéfiniment prolongée ; mais on peut s'exposer ainsi à de graves mécomptes, car il n'est pas rare de trouver des coefficients dans lesquels les multiplicateurs des puissances successives de m affectent pendant longtemps une allure régulière, qu'ils abandonnent brusquement, le plus souvent en changeant de signe. On peut aussi, comme l'a fait M. G.-W. Hill, effectuer le développement en série suivant les puissances d'un paramètre autre que m, mais lié à m d'une façon très simple ; on arrive ainsi à augmenter beaucoup la convergence dans certains cas, mais peu dans d'autres.

36. — Il résulte de ces réflexions que, pour construire une théorie de la Lune de grande précision, il faut abandonner la méthode des développements purement analytiques, d'un intérêt si puissant par ailleurs. C'est ce qu'a fait Hansen, dont la théorie, purement numérique est peut-être la plus parfaite pratiquement ; mais elle est difficile à exposer et ne saurait figurer ici. C'est ce qu'ont fait aussi MM. G.-W. Hill et E.-W. Brown. La méthode suivie par ces deux savants repose sur l'emploi des coordonnées rectangulaires relatives ; et les coefficients des diverses inégalités sont ordonnés suivant les puissances des paramètres e, γ, e', z comme nous avons fait

précédemment ; mais les multiplicateurs des différents produits
de puissances de ces paramètres sont calculés numériquement ;
en d'autres termes, dès le début du calcul, on remplace m par
sa valeur numérique ; ceci n'a pas d'inconvénients, parce que
cette valeur est très bien connue, 0.07480133, avec une approximation suffisante. On obtient ainsi une convergence bien plus
rapide dans les approximations et c'est là un fait facile à pré-
voir, si l'on remarque que le défaut de convergence signalé
plus haut provient surtout de la présence de diviseurs dépendant explicitement de m, g_0, h_0, et fort peu convergents quand
on les ordonne par rapport aux puissances croissantes de m.

Si l'on remplaçait m par sa valeur numérique dans les équations successives que nous avons écrites dans ce Chapitre, on
se convaincrait sans peine qu'on obtiendrait pour les coefficients des diverses inégalités des valeurs bien plus approchées.

Le mémoire principal de M. G.-W. Hill est intitulé :
« *Researches in the lunar Theory* », et est inséré au tome I de
l'*American Journal of Mathematics* (1878). M. Brown a publié
divers mémoires dans ce même recueil, dans les *Monthly
Notices*, et enfin les résultats définitifs de ses calculs se trouvent
dans le mémoire intitulé « *Theory of the Motion of the Moon* »
et publié au tome LIII des *Memoirs of the Royal astronomical
Society* (1899) : c'est là une œuvre de très grande importance.

CHAPITRE IV

37. — Après avoir intégré dans les deux Chapitres précédents les équations (2), soit

$$\frac{d^2x}{dt^2} = \frac{\partial U}{\partial x}\ldots$$

il nous reste à faire voir comment on peut intégrer ces mêmes équations quand on y augmente U d'une certaine fonction perturbatrice R.

Nous emploierons à cet effet la méthode de la variation des constantes arbitraires telle qu'elle a été exposée par Lagrange. Les intégrales des équations (2) dépendent de six constantes : $n, e, \gamma, z, \varpi, \theta$; rappelons que $n^2a^3 = f(\mu_0 + \mu)$. Désignons par $c_1, c_2,\ldots c_6$ ces six constantes ; on sait qu'en faisant

$$(c_i\, c_j) = \frac{\partial x}{\partial c_i}\ \frac{\partial \frac{dx}{dt}}{\partial c_j} - \frac{\partial x}{\partial c_j}\ \frac{\partial \frac{dx}{dt}}{\partial c_i} + \ldots$$

et exprimant la fonction R en fonction des constantes c_i et du temps, les intégrales des équations complètes (1)

$$\frac{d^2x}{dt^2} = \frac{\partial (U + R)}{\partial x}\ldots$$

sont obtenues en remplaçant dans celles des équations (2) les constantes c_i par des fonctions du temps définies par les équations différentielles

$$(19)\qquad \sum_j (c_i\, c_j)\ \frac{dc_j}{dt} = \frac{\partial R}{\partial c_i} ;$$

d'ailleurs ces équations se réduisent pratiquement aux quadratures ainsi que nous l'avons expliqué.

Pour développer les équations (19), nous admettrons cette proposition bien connue : les *crochets* $[c_i c_j]$ qui se présentent comme fonctions des c_i et du temps t, ne contiennent pas en réalité le temps.

38. — Les valeurs de x, y, z ont été calculées précédemment ; elles sont de la forme

$$(9) \quad x = \Sigma\, \alpha r_{ip} \cos \omega''_p, \qquad y = \Sigma\, \alpha r_{ip} \sin \omega''_p, \qquad z = \Sigma\, z_{ip} \sin \omega'_p.$$

Un crochet $[c_i c_j]$ se présente d'une façon générale sous la forme $S + Ct$ ou $C + St$. S et C désignant des séries trigonométriques qui ne renferment que des sinus ou des cosinus : ceci résulte des formules (9) et de ce que les coefficients $n\varpi''_p$ ou $n\varpi'_p$ du temps dans les arguments ω''_p et ω'_p dépendent de n, c, γ.

Mais puisque la fonction $[c_i c_j]$ est indépendante du temps t, il est clair que si elle se présente sous la première forme, elle sera nulle ; si au contraire elle se présente sous la seconde forme, elle se réduira simplement au terme constant de la série C.

Ainsi les crochets $[nc, n\varpi']$, $[n\varpi'']$, $[\varepsilon\varpi]$, $[\varepsilon\theta]$, $[\varpi\theta]$, sont tous nuls, comme étant de la première forme.

Calculons les autres, par exemple $[n\varepsilon]$. On a :

$$\frac{dx}{dt} = - \sum \alpha n\varpi''_p\, r_{ip} \sin \omega''_p \ldots$$

$$\frac{\partial x}{\partial n} = \sum \frac{\partial (\alpha r_{ip})}{\partial n} \cos \omega''_p - t \sum \alpha r_{ip} \frac{\partial (n\varpi''_p)}{\partial n} \sin \omega''_p \ldots$$

$$\frac{\partial x}{\partial \varepsilon} = - \sum \alpha r_{ip} \sin \omega''_p \frac{\partial \omega''_p}{\partial \varepsilon} \ldots$$

$$\frac{\partial \dfrac{dx}{dt}}{\partial n} = - \sum \frac{\partial (\alpha n\varpi''_p\, r_{ip})}{\partial n} \sin \omega''_p$$

$$- t \sum \alpha n\varpi''_p\, r_{ip} \frac{\partial (n\varpi''_p)}{\partial n} \cos \omega''_p \ldots$$

$$\frac{\partial \dfrac{dx}{dt}}{\partial \varepsilon} = - \sum \alpha n\varpi''_p\, r_{ip} \cos \omega''_p \frac{\partial \omega''_p}{\partial \varepsilon} \ldots ;$$

et l'on en déduit immédiatement

$$[n\varepsilon] = -\frac{\partial A}{\partial n},$$

où

$$A = \sum a^2 r_\mu^2, \, n\varpi''_\mu \, \frac{\partial \omega''_\mu}{\partial \varepsilon} + \sum a^2 \zeta_\mu^2, \, n\varpi'_\mu \, \frac{\partial \omega'_\mu}{\partial \varepsilon} ;$$

en faisant aussi

$$B = \sum a^2 r_\mu^2, \, n\varpi''_\mu \, \frac{\partial \omega''_\mu}{\partial \varpi} + \sum a^2 \zeta_\mu^2, \, n\varpi'_\mu \, \frac{\partial \omega'_\mu}{\partial \varpi}.$$

$$C = \sum a^2 r_\mu^2, \, n\varpi''_\mu \, \frac{\partial \omega''_\mu}{\partial \theta} + \sum a^2 \zeta_\mu^2, \, n\varpi'_\mu \, \frac{\partial \omega'_\mu}{\partial \theta}.$$

on aura de la même façon :

$$[n\varepsilon] = -\frac{\partial A}{\partial n}, \quad [n\varpi] = -\frac{\partial B}{\partial n}, \quad [n\theta] = -\frac{\partial C}{\partial n},$$

$$[e\varepsilon] = -\frac{\partial A}{\partial e}, \quad [e\varpi] = -\frac{\partial B}{\partial e}, \quad [e\theta] = -\frac{\partial C}{\partial e},$$

$$[\gamma\varepsilon] = -\frac{\partial A}{\partial \gamma}, \quad [\gamma\varpi] = -\frac{\partial B}{\partial \gamma}, \quad [\gamma\theta] = -\frac{\partial C}{\partial \gamma}.$$

Les équations (19) deviennent donc

$$\frac{\partial R}{\partial \varepsilon} = \frac{\partial A}{\partial n}\frac{dn}{dt} + \frac{\partial A}{\partial e}\frac{de}{dt} + \frac{\partial A}{\partial \gamma}\frac{d\gamma}{dt},$$

$$-\frac{\partial R}{\partial n} = \frac{\partial A}{\partial n}\frac{d\varepsilon}{dt} + \frac{\partial B}{\partial n}\frac{d\varpi}{dt} + \frac{\partial C}{\partial n}\frac{d\theta}{dt}.$$

et peuvent par suite s'écrire plus simplement, en substituant A, B, C aux constantes n, e, γ :

$$(20) \quad \begin{cases} -\dfrac{dA}{dt} = \dfrac{\partial R}{\partial \varepsilon}, & \dfrac{dB}{dt} = \dfrac{\partial R}{\partial \varpi}, & \dfrac{dC}{dt} = \dfrac{\partial R}{\partial \theta}, \\[2mm] \dfrac{d\varepsilon}{dt} = -\dfrac{\partial R}{\partial A}, & \dfrac{d\varpi}{dt} = -\dfrac{\partial R}{\partial B}, & \dfrac{d\theta}{dt} = -\dfrac{\partial R}{\partial C}. \end{cases}$$

Cette forme montre que A, B, C, z, ϖ, θ forment un système de *constantes canoniques conjuguées*.

39. — On peut encore remplacer les constantes n, e, γ par le système équivalent n, g, h; reportons-nous alors à la formule (11) du chapitre II, et prenons pour paramètre q tour à tour n, g, h; comme $\dfrac{\partial (n\sigma''_p)}{\partial g}$ par exemple est manifestement égal à $\dfrac{\partial \omega''_p}{\partial \varpi}$, on voit que l'on a

$$A = \frac{1}{2}\,\frac{\partial P}{\partial n}. \qquad B = \frac{1}{2}\,\frac{\partial P}{\partial g}. \qquad C = \frac{1}{2}\,\frac{\partial P}{\partial h}.$$

P désignant toujours la partie constante du développement trigonométrique de la fonction $2U - r\,\dfrac{\partial U}{\partial r}$.

Le calcul des constantes A, B, C est donc équivalent en quelque sorte à celui de P, c'est-à-dire quand on néglige z^4, du terme constant de la parallaxe, puisque dans cette hypothèse, P se réduit à la partie constante de $\dfrac{3n'^2a^3}{r}$.

Remarquons aussi que d'après ce qui précède, on a en regardant P comme une fonction de n, g, h ou de A, B, C :

$$\frac{1}{2}\,dP = A\,dn + B\,dg + C\,dh$$
$$= d\,(An + Bg + Ch) - (n\,dA + g\,dB + h\,dC),$$

de sorte que l'expression $n\,dA + g\,dB + h\,dC$ est une différentielle exacte, et que n, g, h étant exprimés en fonction de A, B, C, on a

$$\frac{\partial n}{\partial B} - \frac{\partial g}{\partial A} = \frac{\partial n}{\partial C} - \frac{\partial h}{\partial A} = \frac{\partial g}{\partial C} - \frac{\partial h}{\partial B} = 0.$$

40. — Ce résultat va nous permettre de modifier les équations (20) qui présentent un inconvénient grave, provenant de ce que, les coefficients $n\sigma''_p$ et $n\sigma'_p$ dépendant de A, B, C, dans les dérivées $\dfrac{\partial R}{\partial A}$, $\dfrac{\partial R}{\partial B}$, $\dfrac{\partial R}{\partial C}$, le temps sort en dehors des signes sinus et cosinus.

Supposons qu'aux angles z, ϖ, θ on substitue les arguments $N = nt + z$, $G = gt + \varpi$, $H = ht + \theta$, et exprimons R à l'aide de A, B, C, N, G, H ; si $\left(\dfrac{\partial R}{\partial A}\right)$, $\left(\dfrac{\partial R}{\partial B}\right)$, $\left(\dfrac{\partial R}{\partial C}\right)$ sont les dérivées de R par rapport à A, B, C dans cette nouvelle hypothèse, ces expressions ne contiendront plus le temps en dehors des signes sinus et cosinus, et l'ancienne dérivée partielle $\dfrac{\partial R}{\partial A}$, par exemple, sera égale à

$$\left(\frac{\partial R}{\partial A}\right) + t\left(\frac{\partial R}{\partial N}\,\frac{\partial n}{\partial A} + \frac{\partial R}{\partial G}\,\frac{\partial g}{\partial A} + \frac{\partial R}{\partial H}\,\frac{\partial h}{\partial A}\right);$$

d'autre part, on a

$$\frac{dN}{dt} = n + t\,\frac{dn}{dt} + \frac{dz}{dt}.$$

et par suite, d'après les équations (20) :

$$\frac{dN}{dt} = n - \left(\frac{\partial R}{\partial A}\right) + t\left[\frac{\partial R}{\partial z}\,\frac{\partial n}{\partial A} + \frac{\partial R}{\partial m}\,\frac{\partial n}{\partial B} + \frac{\partial R}{\partial \theta}\,\frac{\partial n}{\partial C}\right]$$
$$- t\left[\frac{\partial R}{\partial N}\,\frac{\partial n}{\partial A} + \frac{\partial R}{\partial G}\,\frac{\partial g}{\partial A} + \frac{\partial R}{\partial H}\,\frac{\partial h}{\partial A}\right];$$

on voit que le coefficient de t au second membre est nul, puisque $\dfrac{\partial R}{\partial z} = \dfrac{\partial R}{\partial N}$, par exemple, et que d'après ce qui a été dit plus haut

$$\frac{\partial n}{\partial B} = \frac{\partial g}{\partial A}, \qquad \frac{\partial n}{\partial C} = \frac{\partial h}{\partial A}.$$

Les équations (20) prennent donc la forme

$$(21) \quad \begin{cases} \dfrac{dA}{dt} = \dfrac{\partial R}{\partial N}, & \dfrac{dB}{dt} = \dfrac{\partial R}{\partial G}, & \dfrac{dC}{dt} = \dfrac{\partial R}{\partial H}, \\[2ex] \dfrac{dN}{dt} = n - \dfrac{\partial R}{\partial A}, & \dfrac{dG}{dt} = g - \dfrac{\partial R}{\partial B}, & \dfrac{dH}{dt} = h - \dfrac{\partial R}{\partial C}. \end{cases}$$

car on peut répéter le même raisonnement pour les arguments G et H.

Nous avons supprimé les parenthèses qui indiquaient que la dérivée $\left(\dfrac{\partial R}{\partial A}\right)$ était calculée en supposant R exprimée à l'aide de A, B, C, N, G, H : elles sont en effet maintenant inutiles.

Si l'on revient aux constantes primitives n, e, γ, les équations (21) s'écrivent :

$$\frac{du}{dt} = \frac{\partial u}{\partial A}\,\frac{\partial R}{\partial N} + \frac{\partial u}{\partial B}\,\frac{\partial R}{\partial G} + \frac{\partial u}{\partial C}\,\frac{\partial R}{\partial H}.$$

$$\frac{de}{dt} = \frac{\partial e}{\partial A}\,\frac{\partial R}{\partial N} + \frac{\partial e}{\partial B}\,\frac{\partial R}{\partial G} + \frac{\partial e}{\partial C}\,\frac{\partial R}{\partial H}.$$

$$\frac{d\gamma}{dt} = \frac{\partial \gamma}{\partial A}\,\frac{\partial R}{\partial N} + \frac{\partial \gamma}{\partial B}\,\frac{\partial R}{\partial G} + \frac{\partial \gamma}{\partial C}\,\frac{\partial R}{\partial H}.$$

$$\frac{dN}{dt} = n - \frac{\partial u}{\partial A}\,\frac{\partial R}{\partial u} - \frac{\partial e}{\partial A}\,\frac{\partial R}{\partial e} - \frac{\partial \gamma}{\partial A}\,\frac{\partial R}{\partial \gamma}.$$

$$\frac{dG}{dt} = g - \frac{\partial u}{\partial B}\,\frac{\partial R}{\partial u} - \frac{\partial e}{\partial B}\,\frac{\partial R}{\partial e} - \frac{\partial \gamma}{\partial B}\,\frac{\partial R}{\partial \gamma}.$$

$$\frac{dH}{dt} = h - \frac{\partial u}{\partial C}\,\frac{\partial R}{\partial u} - \frac{\partial e}{\partial C}\,\frac{\partial R}{\partial e} - \frac{\partial \gamma}{\partial C}\,\frac{\partial R}{\partial \gamma}.$$

(22)

Tout revient donc à calculer les dérivées partielles de n, e, γ par rapport à A, B, C, ce que l'on fera sans peine, une fois qu'on aura calculé ces fonctions A, B, C. Ce dernier calcul a été fait par M. Simon Newcomb dans un important mémoire publié dans les *Astronomical Papers prepared for the use of the american Ephemeris and Nautical Almanac* (Vol. V. Part III, Washington, 1894),

41. — Nous pouvons facilement déterminer les termes principaux de A, B, C en nous servant des résultats obtenus au chapitre précédent.

La fonction C d'abord se calcule directement d'après sa définition ; en ne conservant que γ^2 et négligeant n^3, on a

$$C = na^2\gamma^2\,[-2c_1{}^2\,(1 - h_0) + 2c_3{}^2\,(1 - 2m + h_0)],$$

d'où

$$C = na^2\gamma^2\left[-2 - \frac{53}{96}\,m^2 + \frac{75}{64}\,m^3 \ldots\ldots\right] + \ldots\ldots;$$

pour calculer de même B, en ne conservant que e^2 et négligeant m^3, il faut connaître les coefficients $\gamma_{0,}$ qui se rapportent aux arguments $2N - G, G, 2N - 2N' + G, 2N' - G$; par un calcul simple dont il est inutile de rapporter ici les détails, on trouve qu'ils sont égaux respectivement à

$$c\left(\frac{1}{2} + \frac{7}{24} m + \frac{555}{256} m^2 \ldots\right), \qquad c\left(-\frac{3}{2} + 0.m \ldots\right),$$

$$c\left(\frac{15}{16} m + \frac{337}{64} m^2 \ldots\right), \qquad c\left(-\frac{45}{16} m \ldots\right).$$

et l'on en déduit immédiatement

$$B = na^2 e^2 \left(-\frac{1}{2} + \frac{1171}{384} m^2 + \frac{3915}{256} m^3 \ldots\right).$$

Remarquons que d'après le second théorème d'Adams, on a précisément :

$$a_{55} = \frac{1}{3} g_2 \frac{B}{na^2 e^2}, \qquad a_{81} = \frac{1}{3} h_3 \frac{C}{na^2 \gamma^2},$$

$$a_{79} = \frac{2}{3} g_3 \frac{B}{na^2 e^2} = \frac{2}{3} h_4 \frac{C}{na^2 \gamma^2}.$$

B et C étant réduits aux termes en e^2 et γ^2, comme ci-dessus.

Pour calculer maintenant A, on peut encore appliquer la définition ; mais nous pouvons aussi nous servir des calculs antérieurs.

P étant supposé exprimé à l'aide de n, e, γ, on a

$$A = \frac{1}{2} \frac{\partial P}{\partial n} - B \frac{\partial g}{\partial n} - C \frac{\partial h}{\partial n},$$

puisque A, B, C sont les demi-dérivées partielles de la fonction P exprimée à l'aide de n, g, h.

En négligeant γ^2, on a $P = 3 n^2 a^3 \frac{1}{a} \left(\frac{a}{r}\right)_0$, $\left(\frac{a}{r}\right)_0$ désignant la partie constante de la parallaxe ; à cause de la relation

$n^2 a^3 = f(\mu_0 + \mu)$, on a $\dfrac{d\left(\frac{1}{a}\right)}{dn} = \dfrac{2}{3} \dfrac{1}{an}$. D'autre part, si

$\left(\frac{a}{r}\right)_0$ est regardé comme fonction de m ou $\frac{n'}{n}$, on a

$$\frac{\partial\left(\frac{a}{r}\right)_0}{\partial n} = -\frac{m}{n} \frac{\partial\left(\frac{a}{r}\right)_0}{\partial m}.$$

Enfin si $g = ng'$, $h = nh'$, et que l'on regarde g' et h' comme fonctions de m, on aura

$$\frac{\partial g}{\partial n} = g' - m \cdot \frac{\partial g'}{\partial m}, \qquad \frac{\partial h}{\partial n} = h' - m \frac{\partial h'}{\partial m} :$$

donc il vient

$$A = na^2 \left[\left(\frac{a}{r} \right)_u - \frac{3}{2} m \frac{\partial \left(\frac{a}{r} \right)_u}{\partial m} \right] - B \left(g' - m \frac{\partial g'}{\partial m} \right) - C \left(h' - m \frac{\partial h'}{\partial m} \right).$$

ce qui donne, d'après les calculs déjà faits :

$$A = na^2 \left[1 - \frac{m^2}{3} + \frac{895}{288} m^4 + \frac{1261}{96} m^5 + \ldots \right.$$
$$+ e'^2 \left(- \frac{m^2}{2} + \frac{3995}{192} m^4 + \frac{11349}{64} m^5 + \ldots \right)$$
$$+ e^2 \left(- \frac{3}{8} m^2 - \frac{225}{32} m^3 - \frac{23255}{512} m^4 - \ldots \right)$$
$$\left. + \gamma^2 \left(\frac{3}{2} m^2 - \frac{9}{8} m^3 - \frac{1585}{128} m^5 - \ldots \right) + \ldots \right].$$

42. — Si maintenant nous voulons calculer les coefficients des équations (22), écrivons le déterminant

$$D = \begin{vmatrix} \dfrac{\partial A}{\partial n} & \dfrac{\partial A}{\partial e} & \dfrac{\partial A}{\partial \gamma} \\[2mm] \dfrac{\partial B}{\partial n} & \dfrac{\partial B}{\partial e} & \dfrac{\partial B}{\partial \gamma} \\[2mm] \dfrac{\partial C}{\partial n} & \dfrac{\partial C}{\partial e} & \dfrac{\partial C}{\partial \gamma} \end{vmatrix},$$

et soit

$$\begin{vmatrix} A_n & A_e & A_\gamma \\ B_n & B_e & B_\gamma \\ C_n & C_e & C_\gamma \end{vmatrix}$$

le déterminant adjoint de D.

On a évidemment

$$D\,\frac{\partial n}{\partial A} = A_n, \qquad D\,\frac{\partial n}{\partial B} = B_n, \qquad D\,\frac{\partial n}{\partial C} = C_n,$$

$$D\,\frac{\partial e}{\partial A} = A_e, \qquad D\,\frac{\partial e}{\partial B} = B_e, \qquad D\,\frac{\partial e}{\partial C} = C_e,$$

$$D\,\frac{\partial \gamma}{\partial A} = A_\gamma, \qquad D\,\frac{\partial \gamma}{\partial B} = B_\gamma, \qquad D\,\frac{\partial \gamma}{\partial C} = C_\gamma.$$

Le calcul est facile à faire; remarquons seulement que
A, B, C étant de la forme

$$n a^2\, f\,(m,\, e,\, \gamma,\, e'),$$

on a pour calculer la dérivée partielle d'une telle fonction par
rapport à n, la formule

$$\frac{\partial\,(n a^2 f)}{\partial n} = - a^2\left(\frac{f}{3} + m\,\frac{\partial f}{\partial m}\right),$$

qui résulte de ce que $n^2 a^3$ est une constante.

On trouve alors avec une approximation suffisante pour
l'usage que nous voulons en faire :

$$\frac{\partial n}{\partial A} = \frac{1}{a^2}\left[-3 - 7\,m^2 + c.m^3 + \dots\right],$$

$$\frac{\partial n}{\partial B} = \frac{1}{a^2}\left[\frac{9}{4}\,m^2 + \frac{6.5}{16}\,m^3 + \dots\right],$$

$$\frac{\partial n}{\partial C} = \frac{1}{a^2}\left[-\frac{9}{4}\,m^2 + \frac{27}{16}\,m^3 + \dots\right],$$

$$\frac{\partial e}{\partial A} = \frac{e}{n a^2}\left[-\frac{1}{2} + \frac{3\,289}{192}\,m^2 + \dots\right],$$

$$\frac{\partial e}{\partial B} = \frac{1}{n a^2 e}\left[-1 - \frac{1\,171}{192}\,m^2 + \dots\right],$$

$$\frac{\partial e}{\partial C} = \frac{e}{n a^2}\left[\dots\right],$$

$$\frac{\partial \gamma}{\partial A} = \frac{\gamma}{n a^2}\left[-\frac{1}{2} - \frac{383}{192}\,m^2 \dots\right],$$

$$\frac{\partial \gamma}{\partial B} = \frac{\gamma}{n a^2}\left[\dots\right],$$

$$\frac{\partial \gamma}{\partial C} = \frac{1}{n a^2 \gamma}\left[-\frac{1}{4} + \frac{53}{768}\,m^2 + \dots\right].$$

Tels sont les premiers termes des développements des coefficients des équations (22).

On calculerait plus facilement ces coefficients en introduisant tout de suite les valeurs numériques des paramètres ainsi que l'ont fait MM. Newcomb, G.-W. Hill et R. Radau [1].

---

[1] Newcomb, *Astronomical Papers*, vol. V, part III, Washington, 1894. Hill, *Astronomical Papers*, vol. III, Washington, 1885. Radau, *Annales de l'Observatoire de Paris*, t. XXI.

CHAPITRE V

43. — La fonction R se présente, d'après le n° 2, sous la
forme

$$R = n^2 a^3 \left[\frac{1}{f \mu_0 \mu} \, V + \frac{\mu'}{\mu} \frac{1}{TS + \delta \overline{TS}} - \frac{\mu' + \mu_0 + \mu}{\mu} \frac{1}{TS} \right.$$
$$\left. + \frac{\mu'}{\mu_0} \frac{1}{LS + \delta \overline{LS}} - \frac{\mu' + \mu_0 + \mu}{\mu_0} \frac{1}{LS} \right];$$

V est définie par ce fait que la fonction des forces déterminée
par l'attraction mutuelle des corps en présence est égale à :

$$\frac{f \mu_0 \mu}{r} + \frac{f \mu' \mu_0}{TS + \delta \overline{TS}} + \frac{f \mu' \mu}{LS + \delta \overline{LS}} + V.$$

La fonction V renferme deux parties principales bien dis-
tinctes. La première provient de la forme de la Terre, et
comme on le sait, peut s'écrire, quand on n'en conserve que le
terme le plus important, sous la forme

$$V_1 = \frac{f \mu (C - A)}{2 r^3} (1 - 3 \sin^2 \delta);$$

on suppose la Terre constituée symétriquement par rapport à
la parallèle à l'axe du monde passant par son centre de gravité,
et on désigne par C et A les moments d'inertie de la Terre
relatifs à cette parallèle et à l'une quelconque des droites qui
lui sont perpendiculaires et passent par le centre de gravité ;
de plus δ désigne la déclinaison du centre de gravité de la
Lune vu du centre de gravité de la Terre.

La partie V_1 de V conduit à une partie de R que nous appellerons R_1 :

$$R_1 = n^2 \frac{C - A}{2\mu_0} \frac{a^3}{r^3} (1 - 3 \sin^2 \delta);$$

les inégalités correspondantes du mouvement de la Lune sont celles de non-sphéricité.

Soit maintenant P_i le centre de gravité d'un corps secondaire ; il y aura lieu de considérer la partie de V formée par les groupes de termes tels que

$$V_2 = \frac{f \mu \mu_i}{L P_i} + \frac{f \mu_0 \mu_i}{T P_i} ;$$

on pourra d'ailleurs sans inconvénient réduire les coordonnées x_i, y_i, z_i à leurs valeurs elliptiques, en même temps qu'on négligera $\delta x'$, $\delta y'$, $\delta z'$.

V_{2i} donne lieu à une partie de R :

$$R_{2i} = n^2 a^3 \left(\frac{\mu_i}{\mu_0} \frac{1}{L P_i} + \frac{\mu_i}{\mu} \frac{1}{T P_i} \right);$$

les inégalités correspondantes sont celles qui résultent de l'action *directe* des planètes.

La partie de R qui ne provient pas de V peut s'écrire sous la forme

$$\delta U - n^2 a^3 \left[\frac{\mu_0 + \mu}{\mu} \frac{1}{TS + \delta \overline{TS}} + \frac{\mu_0 + \mu}{\mu_0} \frac{1}{LS + \delta \overline{LS}} \right],$$

δU désignant l'accroissement de U quand on remplace les coordonnées du Soleil par leurs valeurs véritables.

Le terme qui suit δU dans l'expression précédente provient de ce que, pour la commodité des calculs, nous avons remplacé le facteur μ' par $\mu' + \mu_0 + \mu$ dans les termes qui proviennent de l'attraction du Soleil ; la petitesse du rapport $\frac{\mu_0 + \mu}{\mu'}$ montre que l'influence du terme considéré sera insignifiante.

Il ne restera donc qu'à tenir compte de δU, et les inégalités correspondantes seront celles qui résultent de l'action *indirecte* des planètes, puisque les perturbations du soleil sont produites par l'action même des planètes.

44. — Etudions d'abord les inégalités de non-sphéricité.

Soient ω et ψ l'inclinaison et la longitude du nœud ascendant du plan de l'équateur terrestre sur le plan fixe choisi comme plan des xy. On a immédiatement, en gardant toutes les notations précédentes

$$\sin \delta = \cos \omega \sin s - \sin \omega \cos s \sin (v - \psi)$$

et par suite, il vient

$$R_1 = n^2 \frac{C - A}{\mu_0} (1 + \rho)^3 \left[\frac{1}{2} \left(1 - \frac{3}{2} \sin^2 \omega \right) (1 - 3 \sin^2 s) \right.$$
$$+ 3 \sin \omega \cos \omega \sin s \cos s \sin (v - \psi)$$
$$\left. + \frac{3}{4} \sin^2 \omega \cos^2 s \cos 2 (v - \psi) \right].$$

On peut considérer l'angle ω comme constant et l'angle ψ comme variant proportionnellement au temps, d'une façon d'ailleurs extrêmement lente, de sorte que le cofficient du temps dans ψ pourra être négligé devant n, g, h.

Dans ces conditions, en tenant compte de la petitesse de $\frac{C - A}{a^2 \mu_0}$, on voit de tout de suite qu'on peut négliger tous les paramètres, sauf la première puissance de γ; on fera donc $v = N$, et en dirigeant le calcul de façon à avoir tous les termes d'ordre négatif ou nul par rapport à m, on aura

$$R_1 = n^2 a^2 \sigma \gamma \left(1 + \frac{m^2}{2} \right) \cos (\Pi - \psi)$$
$$- n^2 a^2 \sigma \gamma (2N - \Pi - \psi)$$
$$+ \frac{3}{8} n^2 a^2 \sigma \gamma m \cos (2N' - \Pi - \psi)$$
$$+ n^2 a^2 \sigma' \cos (2N - 2\psi).$$

où l'on a posé

$$\sigma = 3 \frac{C - A}{\mu_0 a^2} \sin \omega \cos \omega, \qquad \sigma' = \frac{3}{4} \frac{C - A}{\mu_0 a^2} \sin^2 \omega ;$$

nous négligerons d'ailleurs dorénavant σ', les inégalités correspondantes étant à courte période et d'ordre zéro.

Les équations (22) donnent alors en appelant δn, δN, ..., les perturbations provenant de R_1 :

$$\delta e = 0, \qquad \delta G = 0.$$

$$-\frac{d\delta n}{dt} = n^2\sigma'\left(1+\frac{m^2}{2}\right)\left(\frac{9}{4}m^2 - \frac{27}{16}m^3 + \dots\right)\sin(\Pi-\psi) - 6n^2\sigma'\sin(2N-\Pi-\psi).$$

$$\frac{d\delta N}{dt} = \delta n + 2n\sigma\gamma(3+7m^2)\cos(\Pi-\psi)$$
$$+ n\sigma'\left(1+\frac{m^2}{2}\right)\left(\frac{1}{3}+\frac{383}{192}m^2\right)\cos(\Pi-\psi)$$
$$- 6n\sigma'\cos(2N-\Pi-\psi) - \frac{1}{2}n\sigma\gamma\cos(2N-\Pi-\psi)$$
$$+ \frac{9}{8}n\sigma\gamma m\cos(2N'-\Pi-\psi) + \frac{3}{16}n\sigma\gamma m\cos(2N'-\Pi-\psi),$$

$$\frac{d\delta\gamma}{dt} = n\sigma\left(1+\frac{m^2}{2}\right)\left(\frac{1}{4}-\frac{53}{768}m^2\right)\sin(\Pi-\psi)$$
$$+ \frac{1}{4}n\sigma\sin(2N-\Pi-\psi)$$
$$- \frac{3}{32}n\sigma m\sin(2N'-\Pi-\psi),$$

$$\gamma\frac{d\delta\Pi}{dt} = n\sigma\left(1+\frac{m^2}{2}\right)\left(\frac{1}{4}-\frac{53}{768}m^2\right)\cos(\Pi-\psi)$$
$$- \frac{1}{4}n\sigma\cos(2N-\Pi-\psi)$$
$$+ \frac{3}{32}n\sigma m\cos(2N'-\Pi-\psi);$$

d'où en utilisant la valeur de h, l'on tire :

$$\delta n = n\sigma'\left(3-\frac{9}{8}m\dots\right)\cos(\Pi-\psi) + 3n\sigma\gamma\cos(2N-\Pi-\psi),$$

$$\delta N = \sigma'\left(-\frac{38}{3}\frac{1}{m^2}-\frac{13}{4}\frac{1}{m} + \dots\right)\sin(\Pi-\psi)$$
$$- \frac{7}{4}\sigma\gamma\sin(2N-\Pi-\psi) + \frac{21}{32}\sigma\gamma\sin(2N'-\Pi-\psi),$$

$$\delta\gamma = \sigma\left(\frac{1}{3}\frac{1}{m^2}+\frac{1}{8}\frac{1}{m}+\frac{77}{72}\right)\cos(\Pi-\psi)$$

$$-\frac{1}{8}\,\sigma\cos(2N-H-\psi) + \frac{3}{64}\,\sigma\cos(2N'-H-\psi),$$

$$\delta H = -\sigma\left(\frac{1}{3}\frac{1}{m^2}+\frac{1}{8}\frac{1}{m}+\frac{77}{72}\right)\sin(H-\psi)$$

$$-\frac{1}{8}\,\sigma\sin(2N-H-\psi)+\frac{3}{64}\,\sigma\sin(2N'-H-\psi).$$

Le terme d'ordre zéro du coefficient de $\sin(H-\psi)$ dans δN n'a pas été déterminé, parce que le terme en m^3 de $\dfrac{\partial n}{\partial C}$ n'a pas été calculé plus haut.

En prenant

$$s = 2\gamma\left[\sin(N-H)+d_2\sin(3N-2N'-H)+d_3\sin(N-2N'+H)\right],$$

on trouve facilement les inégalités de la latitude :

$$\delta s = \sigma\left(\frac{2}{3}\frac{1}{m^2}+\frac{1}{4}\frac{1}{m}+\frac{13}{18}\right)\sin(N-\psi)$$

$$+\sigma\left(\frac{1}{4}\frac{1}{m}+\frac{17}{24}\right)\sin(N-2N'+\psi)$$

$$+\frac{11}{24}\,\sigma\sin(3N-2N'+\psi).$$

On trouverait de même les inégalités de la longitude et de la parallaxe.

45. — Occupons-nous maintenant de l'action directe de la planète P_i ; elle est déterminée par la fonction perturbatrice

$$R_{2i} = n^2 a^3\left(\frac{\mu_i}{\mu_0}\cdot\frac{1}{LP_i}+\frac{\mu_i}{\mu}\frac{1}{TP_i}\right).$$

Il est clair que pour développer cette fonction, on peut procéder comme au n° 4, quand nous avons développé

$$\frac{1}{\mu_0}\frac{1}{LS}+\frac{1}{\mu}\frac{1}{TS}.$$

En posant

$$D_i^2 = (x'+x_i)^2+(y'+y_i)^2+(z'+z_i)^2.$$

on obtient immédiatement, après suppression des termes qui ne contiennent pas les coordonnées de la Lune :

$$R_{2i} = f_i^2 \left[-\frac{1}{2} \frac{r^2}{D^3_i} + \frac{3}{2} \frac{[x(x'+x_i)+y(y'+y_i)+z(z'+z_i)]^2}{D^5_i} \right.$$
$$-\frac{3}{2}(1-2\nu)\frac{r^2\;x(x'+x_i)+\dots}{D^5_i}$$
$$\left. +\frac{5}{2}(1-2\nu)\frac{[x(x'+x_i)+\dots]^3}{D^7_i} + \dots \right].$$

Les deux premiers termes sont d'ailleurs de beaucoup les plus importants et nous les conserverons seuls dans ce qui suit.

Nous appellerons v_i, s_i, a_i, N_i, ... la longitude, la latitude, la demi-grand axe, la longitude moyenne, ... de P_i.

On a alors

$$D^2_i = r'^2 + r^2_i + 2r'r_i \cos s_i \cos(v'-v_i)$$
$$x(x'+x_i) + \dots = rr' \cos s \cos(v-v')$$
$$+ rr_i[\sin s \sin s_i + \cos s \cos s_i \cos(v-v_i)].$$

On peut remarquer que

$$\frac{[x(x'+x_i)+\dots]^2}{r^2} - \frac{1}{2}D^2_i$$
$$= r'^2\left[-\frac{1}{2}\sin^2 s + \frac{1}{2}\cos^2 s \cos 2(v-v') \right]$$
$$+ r^2_i\left[-\frac{1}{2}(\sin^2 s + \sin^2 s_i) + \frac{3}{2}\sin^2 s \sin^2 s_i \right.$$
$$+ 2\sin s \sin s_i \cos s \cos s_i \cos(v-v_i)$$
$$\left. + \frac{1}{2}\cos^2 s \cos^2 s_i \cos 2(v-v_i) \right]$$
$$+ r'r_i[-\sin^2 s \cos s_i \cos(v'-v_i)$$
$$+ 2\sin s \sin s_i \cos s \cos(v-v')$$
$$+ \cos^2 s \cos s_i \cos(2v-v'-v_i)];$$

en appelant F_i le second membre de cette égalité, nous aurons donc

$$R_{2i} = f_{i}\mu_{i}\left[\frac{1}{4}\,\frac{r^{2}}{D_{i}^{3}} + \frac{3}{2}\,\frac{r^{2}E_{i}}{D_{i}^{5}} + \ldots\right],$$

et cette forme nous sera plus commode.

Pour calculer $\dfrac{1}{D_{i}^{3}}$, $\dfrac{1}{D_{i}^{5}}$, ... nous remplacerons dans l'expression de D_{i}^{2} les coordonnées par leurs valeurs elliptiques, de sorte qu'on pourra écrire

$$D_{i}^{2} = a'^{2} + a_{i}^{2} + 2a'a_{i}\cos(N' - N_{i}) + \omega,$$

ω étant évidemment une petite quantité.

On aura alors

$$D_{i}^{-2s} = \left[a'^{2} + a_{i}^{2} + 2a'a_{i}\cos(N' - N_{i})\right]^{-s}$$
$$- s\omega\left[a'^{2} + a_{i}^{2} + 2a'a_{i}\cos(N' - N_{i})\right]^{-s-} + \ldots;$$

d'ailleurs on a

$$\left[a'^{2} + a_{i}^{2} + 2a'a_{i}\cos(N' - N_{i})\right]^{-s}$$
$$= \frac{1}{2}A_{s}^{(0)} + A_{s}^{(1)}\cos(N' - N_{i}) + A_{s}^{(2)}\cos 2(N' - N_{i}) + \ldots,$$

les $A_{s}^{(j)}$ étant des fonctions de a' et de a dont le calcul est bien connu.

La fonction R_{2i} est donc maintenant aisément développable; il est clair d'ailleurs qu'une fois son développement obtenu, la détermination correspondante des inégalités du mouvement de la Lune à l'aide des équations (22) n'offrira aucune difficulté digne d'être signalée.

Il faut observer de plus que les inégalités planétaires de la Lune sont en général fort petites, et qu'il n'y a guère que celles à longue période qui donnent des résultats sensibles, surtout dans la longitude moyenne.

Une étude approfondie des inégalités planétaires (voir Radau, *Annales de l'Observatoire de Paris*, T. XXI), montre que deux des plus considérables d'entre elles ont pour argument, respectivement

$$N' - N_i \quad \text{et} \quad N - G + 16\,N' - 18\,N_i + 2\theta_i,$$

la planète P_i étant Vénus ; les périodes de ces arguments, exprimées en années, sont 1, 6 et 273.

La partie princincipale du coefficient de $\cos(N' - N_i)$ dans R_{2i} se calcule immédiatement ; c'est évidemment

$$\frac{1}{4}\, f\mu_i\, a^2 A_{\frac{1}{2}}^{(1)}.$$

La partie principale du coefficient du cosinus du second argument contient en facteur γ_i^2 ; en remarquant que

$$\cos s_i = 1 - \gamma_i^2 + \gamma_i^2 \cos 2(N_i - \theta_i),$$
$$v_i = N_i - \gamma_i^2 \sin 2(N_i - \theta_i),$$

on pourra prendre ici

$$\omega = 2a'a_i\gamma_i^2 \cos(N' + N_i - 2\theta),$$

et l'on voit tout de suite que la partie utile de $\dfrac{1}{D_i^3}$ sera

$$- \frac{3}{2}\, a'a_i\, A_{\frac{5}{2}}^{(17)}\, \gamma_i^2 \cos(16\,N' - 18\,N_i + 2\theta_i);$$

et comme

$$r^2 = a^2\Big(1 - 2e \cos(N - G)\Big),$$

on voit que le premier terme de R_{2i} nous donne finalement

$$\frac{3}{8}\, f\mu_i\, a^2a'a_i\, A_{\frac{5}{2}}^{(17)}\, \gamma_i^2 e \cos(N - G + 16\,N' - 18\,N_i + 2\theta_i).$$

Le second terme de R_{2i} fournit une autre partie qu'on obtient en réduisant E_i à $-\dfrac{1}{2}\, r_i^2 \sin^2 s_i$, ou plus simplement encore à $a_i^2\gamma_i^2 \cos 2(N_i - \theta_i)$; par suite cette nouvelle partie sera

$$- \frac{3}{4}\, f\mu_i\, a^2a_i^2\, A_{\frac{5}{2}}^{(16)}\, \gamma_i^2 e \cos(N - G + 16\,N' - 18\,N_i + 2\theta_i),$$

et, en tout, le coefficient du cosinus de l'argument considéré est

$$-\frac{3}{4} f \mu_i a^2 a' a_{i} \eta^2 e \left(\frac{1}{2} A_{\frac{3}{2}}^{(17)} - \frac{a_i}{a'} A_{\frac{3}{2}}^{(16)} \right).$$

Il serait facile d'en conclure l'inégalité correspondante de la longitude.

46. — Les inégalités dues à l'action indirecte des planètes résultent de la partie δU de R.

Pour pouvoir calculer δU, il est tout d'abord nécessaire de supposer qu'au lieu d'avoir choisi le plan des xy, comme nous l'avons fait, d'une façon particulière, on a laissé ce plan quelconque. Appelons γ' et θ' le sinus de la demi-inclinaison et la longitude du nœud ascendant de l'orbite elliptique osculatrice à la trajectoire véritable du Soleil à l'époque donnée comme origine du temps ; les coordonnées x, y, z, de la Lune, x', y', z' du Soleil sont alors faciles à calculer en fonction de celles qui ont été obtenues précédemment ; il suffit de faire un changement de coordonnées dont il est inutile d'indiquer ici les détails. Les formules adoptées jusqu'à présent correspondent à l'hypothèse $\gamma' = 0$: cette hypothèse peut d'ailleurs être conservée une fois qu'on a préparé les formules (9) comme nous venons de le dire, de façon à pouvoir exécuter les calculs indiqués ci-dessous.

En négligeant le carré des perturbations du Soleil, et introduisant soit les perturbations des coordonnées, soit celles des éléments du Soleil, on aura

$$\delta U = \frac{\partial U}{\partial x'} \delta x' + \frac{\partial U}{\partial y'} \delta y' + \frac{\partial U}{\partial z'} \delta z'$$

$$= \left(\frac{\partial U}{\partial n'} \right) \delta n' + \left(\frac{\partial U}{\partial e'} \right) \delta e' + \left(\frac{\partial U}{\partial \gamma'} \right) \delta \gamma'$$

$$+ \left(\frac{\partial U}{\partial \varepsilon'} \right) \delta \varepsilon' + \left(\frac{\partial U}{\partial \varpi'} \right) \delta \varpi' + \left(\frac{\partial U}{\partial \theta'} \right) \delta \theta',$$

où les dérivées $\left(\dfrac{\partial U}{\partial n'} \right)$, ... sont mises entre parenthèses pour indiquer, comme au n° 13, qu'elles sont prises en regardant U comme fonction de x, y, z, n', e',... avant d'avoir remplacé x, y, z, par leurs valeurs (9).

Les perturbations du Soleil sont les unes périodiques, les

autres séculaires : l'influence de ces dernières fera l'objet du
chapitre suivant. Quant aux premières, dès qu'elles seront
connues par la théorie du Soleil, on pourra introduire leurs
valeurs dans δU et développer aisément cette fonction.

Les équations (22) fourniront ensuite immédiatement les
valeurs correspondantes des inégalités du mouvement de la
Lune, et dans certains cas il arrivera que ces inégalités, dues
à l'action indirecte des planètes, seront supérieures à celles de
même argument qui proviennent de l'action directe.

Remarquons en terminant ce chapitre, que les parties de la
fonction R que nous y avons considérées ne produisent aucune inégalité séculaire dans n, e et γ puisque les trois premières des équations (22) ne contiennent que les dérivées
$\dfrac{\partial R}{\partial N}$, $\dfrac{\partial R}{\partial G}$, $\dfrac{\partial R}{\partial H}$; quant aux trois autres éléments N, G, H,
ils peuvent être affectés de très petites inégalités séculaires,
qui ne font que modifier très légèrement le coefficient du temps
t dans ces arguments.

CHAPITRE VI

INFLUENCE DES INÉGALITÉS SÉCULAIRES DU SOLEIL
SUR LE MOUVEMENT DE LA LUNE

47. — Il faut tenir compte maintenant des inégalités séculaires du Soleil ; nous ferons donc en remarquant que, d'après le théorème de Poisson, n' n'a pas d'inégalité séculaire :

$$\delta n' = 0, \quad \delta e' = e'_0 t, \quad \delta \gamma' = \gamma'_0 t, \ldots$$

et ce sont ces valeurs qui serviront à calculer δU.

Comme précédemment, on voit tout de suite que les éléments n, e, γ n'auront aucune perturbation séculaire proprement dite, c'est-à-dire directement proportionnelle au temps ; ils ne pourront avoir que des perturbations de la forme $t \sin \omega$, ou $t \cos \omega$, ω étant un argument périodique.

Les autres éléments N, G, H subiront aussi des perturbations de même forme ; mais il faut remarquer que les dérivées $\dfrac{\partial R}{\partial n}$, $\dfrac{\partial R}{\partial e}$, $\dfrac{\partial R}{\partial \gamma}$ contiendront ici des termes constants et même des termes du premier degré par rapport au temps ; les premiers produiront, après intégration, des termes proportionnels au temps, qui ne changeront pas la forme des arguments N, G, H ; mais les seconds donneront naissance à des termes proportionnels au carré du temps, que nous appellerons $\dfrac{1}{2} \delta n . t^2$, $\dfrac{1}{2} \delta g . t^2$, $\dfrac{1}{2} \delta h . t^2$. On peut donc considérer que les arguments N, G, H c'est-à-dire la longitude moyenne, la longitude du périgée, et la longitude du nœud de la Lune, *s'accélèrent* avec le temps, et les coefficients de ces *accélérations séculaires* sont précisément δn, δg, δh.

Il est facile de voir que ces coefficients ne peuvent dépendre que de $\delta e'$; en effet, d'abord, les inégalités séculaires $\delta e'$, $\delta m'$, $\delta \theta'$ ne peuvent conduire à aucun terme directement proportionnel au temps dans $\dfrac{\partial R}{\partial n} \cdot \dfrac{\partial R}{\partial e}, \dfrac{\partial R}{\partial \gamma}$; car d'après la forme évidente du développement de U, un terme contenant le temps en facteur et provenant de $\delta\varepsilon'$ serait, dans les dérivées de δU par rapport à n, e ou γ, multiplié par le sinus ou le cosinus d'un argument périodique ; un terme de même nature provenant de $\delta\varpi'$ ou $\delta\theta'$ serait dans le même cas, ou bien contiendrait γ' en facteur ; comme on peut supposer $\gamma' = 0$, il faut faire abstraction de tels termes.

De même, les termes contenant le temps en facteur et provenant de $\delta\gamma'$ seront accompagnés du sinus ou du cosinus d'un argument périodique, ou bien seront multipliés par γ', et dans ce cas, on doit en faire abstraction.

Les accélérations séculaires δn, δg, δh sont donc dues uniquement à l'influence de $\delta e'$.

48. — Avant de montrer comment on peut calculer ces accélérations séculaires, nous allons chercher les principales inégalités *mixtes*, (c'est-à-dire contenant le temps comme facteur du sinus ou du cosinus d'un argument périodique), qui sont dues à $\delta\gamma'$, ou, en d'autres termes, au déplacement de l'écliptique ; nous aurons ainsi un type des calculs auxquels peut donner lieu la recherche complète des inégalités considérées dans ce chapitre.

Nous avons ici en ne tenant compte que des termes principaux :

$$\delta U = 3\,n'^2 a^2 \cos F \;\delta(\cos F) ;$$

d'ailleurs

$$\delta \cos F = s\,\delta s',$$
$$s = 2\gamma \sin(N - H), \quad \delta s' = 2\gamma'_0 t \sin(N' - \theta'),$$

et par suite en remplaçant F par $N - N'$ et ne gardant qu'un argument à longue période

$$\delta U = 3n'^2 a^2 \gamma \gamma'_0 t \cos(H - \theta').$$

En posant

$$p = 1 - \frac{53}{192} m^2 \ldots = -\,4na^2\gamma\,\frac{\partial \gamma}{\partial C}.$$

les équations (22) donnent d'abord, en négligeant e et γ :

$$\frac{d\partial\gamma}{dt} = \frac{3}{4}\, m^2 np\gamma'_0 t \sin(\mathrm{H} - \theta'),$$

$$\gamma\, \frac{d\partial\mathrm{H}}{dt} = \frac{3}{4}\, m^2 np\gamma'_0 t \cos(\mathrm{H} - \theta'),$$

et par suite

$$\partial\gamma = \frac{3}{4}\, \frac{m^2 np\gamma'_0}{h}\left[-t \cos(\mathrm{H} - \theta') + \frac{1}{h} \sin(\mathrm{H} - \theta') \right],$$

$$\gamma\partial\mathrm{H} = \frac{3}{4}\, \frac{m^2 np\gamma'_0}{h}\left[t \sin(\mathrm{H} - \theta') + \frac{1}{h} \cos(\mathrm{H} - \theta') \right].$$

d'où immédiatement

$$\partial s = -\frac{3}{2}\, \frac{m^2 np\gamma'_0}{h}\left[t \sin(\mathrm{N} - \theta') + \frac{1}{h} \cos(\mathrm{N} - \theta') \right].$$

En supprimant le premier terme de cette expression, on aurait très sensiblement l'inégalité de la latitude de la Lune rapportée à l'écliptique mobile, puisque

$$h = -\frac{3}{4}\, m^2 n \ldots.$$

Cherchons maintenant les inégalités correspondantes de la longitude, c'est-à-dire de N ; partout d'ailleurs, nous ne garderons que les premiers termes des coefficients des équations (22), et de h. On a d'abord

$$\frac{d\partial n}{dt} = \frac{27}{4}\, m^4 n^2 \gamma\gamma'_0 t \sin(\mathrm{H} - \theta'),$$

d'où

$$\partial n = 9 m^2 n\, \gamma\gamma'_0\left[t \cos(\mathrm{H} - \theta') - \frac{1}{h} \sin(\mathrm{H} - \theta') \right];$$

puis

$$\frac{d\partial\mathrm{N}}{dt} = \partial n - \frac{21}{2}\, m^2 n\, \gamma\gamma'_0 t \cos(\mathrm{H} - \theta')$$

$$= -\frac{3}{2}\, m^2 n\, \gamma\gamma'_0 t \cos(\mathrm{H} - \theta') - 9\, \frac{m^2 n\, \gamma\gamma'_0}{h} \sin(\mathrm{H} - \theta').$$

et par suite

$$\delta N = - \frac{3}{2} \frac{m^2 n}{h} \gamma\gamma'_0 t \sin (H - \theta') + \frac{15 \, m^2 n \, \gamma\gamma'_0}{2 \, h^2} \cos (H - \theta')$$

$$= 2 \gamma\gamma'_0 t \sin (H - \theta') + \frac{40}{3} \gamma\gamma'_0 \cos (H - \theta').$$

49. — Arrivons enfin au calcul des accélérations séculaires δn, δg, δh, en suivant les principes des méthodes données par M. Simon Newcomb (mémoire déjà cité) et par M. E.-W. Brown (*Monthly Notices*, t. LVII, 1897).

Comme nous l'avons déjà dit, il faut réduire ici δU à $\left(\frac{\partial U}{\partial e'}\right) \delta e'$. Si S est la partie constante du développement trigonométrique de $\left(\frac{\partial U}{\partial e'}\right)$, on a par suite, d'après les équations (21)

$$\delta n = - e'_0 \frac{\partial S}{\partial A} , \quad \delta g = - e'_0 \frac{\partial S}{\partial B} , \quad \delta h = - e'_0 \frac{\partial S}{\partial C} .$$

Désignons toujours par P la partie constante du développement trigonométrique de la fonction $2U - r \frac{\partial U}{\partial r}$, et supposons P exprimée à l'aide de n, g, h, et e'. La formule (11) du chapitre II donne alors en choisissant e' pour le paramètre q :

$$S = \frac{1}{2} \frac{\partial P}{\partial e'} ;$$

donc

$$\delta n = - \frac{1}{2} e'_0 \frac{\partial}{\partial A} \left(\frac{\partial P}{\partial e'}\right) \ldots$$

On en déduit en multipliant respectivement par $\frac{\partial A}{\partial n}$, $\frac{\partial B}{\partial n}$, $\frac{\partial C}{\partial n}$:

$$\frac{\partial A}{\partial n} \delta n + \frac{\partial B}{\partial n} \delta g + \frac{\partial C}{\partial n} \delta h = - \frac{1}{2} e'_0 \frac{\partial}{\partial n} \left(\frac{\partial P}{\partial e'}\right).$$

Or, on sait que P étant exprimé toujours à l'aide de n, g, h, on a

$$\frac{1}{2} \frac{\partial P}{\partial n} = A, \quad \frac{\partial B}{\partial n} = \frac{\partial A}{\partial g}, \ldots ;$$

on peut donc écrire

$$\frac{\partial A}{\partial n}\, \delta n + \frac{\partial A}{\partial g}\, \delta g + \frac{\partial A}{\partial h}\, \delta h + \frac{\partial A}{\partial e'}\, e'_0 = 0\ ;$$

si donc nous supposons que n, g, h, e' soient affectés des variations δn, δg, δh, e'_0, on a

$$\delta A = 0.$$

et de même évidemment

$$\delta B = 0, \qquad \delta C = 0.$$

Nous obtenons donc ce beau théorème, énoncé pour la première fois par M. Newcomb : Les fonctions A, B, C ont une variation nulle quand on les exprime à l'aide de n, g, h, e', et que l'on affecte ces variables des variations δn, δg, δh, $\delta e'$.

La démonstration précédente diffère d'ailleurs un peu de celle de M. Newcomb.

5o. — Le théorème précédent permet de calculer δn, δg, δh quand on connaît A, B, C. Toutefois, comme ces fonctions sont exprimées directement à l'aide de n, c, γ, e', appelons δe et $\delta \gamma$ les variations qui affectent c et γ, quand on considère ces quantités comme fonctions de n, g, h, e', ces dernières variables étant toujours affectées des variations δn, δg, δh, e'_0.

On aura, en considérant bien entendu maintenant A, B, C comme fonctions de n, c, γ, e' :

$$\frac{\partial A}{\partial n}\, \delta n + \frac{\partial A}{\partial e}\, \delta c + \frac{\partial A}{\partial \gamma}\, \delta \gamma + \frac{\partial A}{\partial e'}\, e'_0 = 0,$$

$$\frac{\partial B}{\partial n}\, \delta n + \frac{\partial B}{\partial e}\, \delta e + \frac{\partial B}{\partial \gamma}\, \delta \gamma + \frac{\partial B}{\partial e'}\, e'_0 = 0,$$

$$\frac{\partial C}{\partial n}\, \delta n + \frac{\partial C}{\partial e}\, \delta e + \frac{\partial C}{\partial \gamma}\, \delta \gamma + \frac{\partial C}{\partial e'}\, e'_0 = 0,$$

$$\delta g = \frac{\partial g}{\partial n}\, \delta n + \frac{\partial g}{\partial e}\, \delta e + \frac{\partial g}{\partial \gamma}\, \delta \gamma + \frac{\partial g}{\partial e'}\, e'_0,$$

$$\delta h = \frac{\partial h}{\partial n}\, \delta n + \frac{\partial h}{\partial e}\, \delta e + \frac{\partial h}{\partial \gamma}\, \delta \gamma + \frac{\partial h}{\partial e'}\, e'_0.$$

En faisant

$$g = ng'. \qquad h = nh',$$

et remarquant que g' et h' ne contiennent n que par l'intermédiaire de m, il viendra finalement, en résolvant les équations précédentes :

$$(23)\quad\begin{cases}
\partial n = -\left(\dfrac{\partial n}{\partial A}\dfrac{\partial A}{\partial e'} + \dfrac{\partial n}{\partial B}\dfrac{\partial B}{\partial e'} + \dfrac{\partial n}{\partial C}\dfrac{\partial C}{\partial e'}\right)e'_0, \\[2mm]
\partial e = -\left(\dfrac{\partial e}{\partial A}\dfrac{\partial A}{\partial e'} + \dfrac{\partial e}{\partial B}\dfrac{\partial B}{\partial e'} + \dfrac{\partial e}{\partial C}\dfrac{\partial C}{\partial e'}\right)e'_0, \\[2mm]
\partial \gamma = -\left(\dfrac{\partial \gamma}{\partial A}\dfrac{\partial A}{\partial e'} + \dfrac{\partial \gamma}{\partial B}\dfrac{\partial B}{\partial e'} + \dfrac{\partial \gamma}{\partial C}\dfrac{\partial C}{\partial e'}\right)e'_0, \\[2mm]
\dfrac{\partial g}{n} = \left(g' - m\,\dfrac{\partial g'}{\partial m}\right)\dfrac{\partial n}{n} + \dfrac{\partial g'}{\partial e}\partial e + \dfrac{\partial g'}{\partial \gamma}\partial \gamma + \dfrac{\partial g'}{\partial e'}e'_0, \\[2mm]
\dfrac{\partial h}{n} = \left(h' - m\,\dfrac{\partial h'}{\partial m}\right)\dfrac{\partial n}{n} + \dfrac{\partial h'}{\partial e}\partial e + \dfrac{\partial h'}{\partial \gamma}\partial \gamma + \dfrac{\partial h'}{\partial e'}e'_0.
\end{cases}$$

Les coefficients de ces équations ont été calculés précédemment.

Si on néglige e, γ et e'^2, on a tout de suite

$$\frac{\partial n}{n} = \left(3 + 7m^2 + 0.m^3 + \dots\right)\left(-m^2 + \frac{3\,995}{96}m^4 + \frac{11\,349}{32}m^5 + \dots\right)e'e'_0$$

$$= \left(-3m^2 + \frac{3\,771}{32}m^4 + \frac{34\,047}{32}m^5 + \dots\right)e'e'_0,$$

$$\frac{\partial g}{n} = \left(\frac{9}{4}m^2 + \dots\right)e'e'_0,$$

$$\frac{\partial h}{n} = \left(-\frac{9}{4}m^2 + \dots\right)e'e'_0.$$

On aurait facilement une plus grande approximation.

Sans vouloir nous occuper de l'histoire de la détermination des accélérations séculaires, rappelons en terminant que c'est l'immortel Laplace qui en a découvert la cause ; que Delaunay et Adams sont les premiers qui ont su les calculer exactement ; que MM. Newcomb et Brown enfin ont donné les moyens de les calculer rapidement.